国家自然科学基金项目（51764010，51874109）
贵州省科技支撑计划项目（黔科合支撑[2019]2861）
贵州省优秀青年科技人才培养计划项目（黔科合平台人才[2019]5674）

煤矿巷道底板小孔径预应力锚索锚固技术研究

郑伟　张辉／著

中国矿业大学出版社
·徐州·

内容提要

本书重点论述了巷道底板小孔径预应力锚索锚固机理及新型锚固材料,主要内容包括相关领域国内外研究现状综述、巷道底板小孔径预应力锚索锚固机理分析、巷道底板小孔径预应力锚索锚固材料研制、巷道底板小孔径新型锚固剂锚固推进过程试验研究、井下工业性试验研究等。全书内容丰富、层次清晰、图文并茂、深入浅出,具先进性和实用性。

本书可供采矿工程及相关专业的科研与工程技术人员参考。

图书在版编目(CIP)数据

煤矿巷道底板小孔径预应力锚索锚固技术研究 / 郑伟,张辉著. — 徐州 :中国矿业大学出版社,2021.8
ISBN 978 - 7 - 5646 - 5098 - 8

Ⅰ.①煤… Ⅱ.①郑… ②张… Ⅲ.①煤矿开采一巷道一底板一预应力加筋锚固一研究 Ⅳ.①TD322

中国版本图书馆 CIP 数据核字(2021)第 166432 号

书　　名	煤矿巷道底板小孔径预应力锚索锚固技术研究
著　　者	郑　伟　张　辉
责任编辑	王美柱
出版发行	中国矿业大学出版社有限责任公司
	(江苏省徐州市解放南路　邮编 221008)
营销热线	(0516)83884103　83885105
出版服务	(0516)83995789　83884920
网　　址	http://www.cumtp.com　**E-mail**:cumtpvip@cumtp.com
印　　刷	苏州市古得堡数码印刷有限公司
开　　本	787 mm×1092 mm　1/16　**印张** 6.25　**字数** 156 千字
版次印次	2021 年 8 月第 1 版　2021 年 8 月第 1 次印刷
定　　价	35.00 元

(图书出现印装质量问题,本社负责调换)

前　言

　　巷道底板小孔径预应力锚索锚固是解决巷道底鼓的有效方法之一。现有的煤矿巷道底板锚固材料多采用树脂锚固剂,树脂锚固剂遇水进行搅拌推进时,其固化剂易溶于水而被稀释,从而导致树脂锚固剂固化后锚固强度降低,后期锚固力衰减速度较快;另外,现有的水泥砂浆锚固材料,其固化体抗渗能力较差,钻孔积水会顺着毛细孔进入锚索-锚固剂界面,从而使锚索与锚固剂界面发生滑移失效,导致锚固段钻孔围岩在积水侵蚀作用下强度弱化,锚固剂与围岩界面发生滑移失效。

　　基于此,本书对巷道底板小孔径预应力锚索锚固机理进行了研究,分析了巷道钻孔围岩强度弱化对锚固力的影响;通过试验研究了水灰比、硅灰、矿粉、偏高岭土和聚丙烯纤维素单一因素对锚固材料初终凝时间和物理力学性能的影响;并对优化后的新型锚固材料物理性能、锚固力、抗侵蚀能力进行试验研究;通过自主研发的锚杆(索)搅拌锚固剂锚固时的力学响应监测装置,研究了新型锚固剂搅拌推进时扭矩、推力、转速与位移之间的关系。主要研究成果如下:

　　(1)通过数值分析研究了钻孔围岩弱化对锚固力的影响,发现随着钻孔围岩弱化层厚度的增大,锚固力在围岩中的传递效果变差,即锚固效果变差。

　　(2)基于一种无机锚固材料自主研发了一种巷道底板新型锚固材料,其固化体初终凝时间短,当水灰比为0.4时,初终凝时间分别为5.32 min和10.61 min;当硅灰、矿粉、偏高岭土、聚丙烯纤维素的掺量分别为1.5%、0.1%、12%、0.05%时,锚固材料固化体力学性能好,具有较强的抗侵蚀能力和护筋能力,并且锚固强度高。

　　(3)通过自主研发的锚杆(索)搅拌锚固剂锚固时的力学响应监测装置,对锚索搅拌推进新型锚固剂和树脂锚固剂时的扭矩、推力、转速与位移之间的关系进行对比研究,得到了其扭矩、推力、转速与位移之间的关系。新型锚固剂相较树脂锚固剂而言,其搅拌较均匀、固化效果好、固化体与锚索界面较密实、锚固力大。

　　(4)井下现场试验表明,新型锚固剂具有较高的锚固力,并且可有效控制巷道围岩变形,能有效解决巷道底板稳定性控制问题。

　　由于笔者水平所限,书中难免存在不妥之处,恳请读者批评指正。

著　者
2021年6月于贵州理工学院

目　　录

1　绪　　论

1.1　研究目的与意义

随着我国浅部煤炭资源逐渐枯竭,煤炭资源由浅部向深部开采是必然趋势,这也是其他采煤国家共同面临的问题。德国的采煤平均深度已达 900 m,最深高达 1 723 m;俄罗斯、英国、波兰等国家煤炭开采深度均超过 1 000 m[1-2]。近年来,我国东部矿井相继进入深部开采,采深以 10~25 m/a 的速度增加。在中国,超千米矿井不断出现,如新汶、开滦、邢台、淮南、徐州、平顶山等矿区的矿井采深已超过 1 000 m,其中,新汶孙村矿采深已达 1 300 m,华丰矿已向－1 350 m 水平延深[3]。随着煤矿开采深度不断增加,地应力逐渐增大,巷道底板产生明显的底鼓变形特征,如图 1-1 所示。

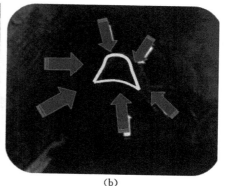

(a)　　　　　　　　　　　　　　　　(b)

图 1-1　巷道底鼓变形状况

煤矿巷道顶底板和两帮围岩是一个相互作用的有机整体,巷道围岩整体失稳在很大程度上是巷道底鼓造成的。现有的巷道支护理论技术及支护材料,基本能满足煤矿巷道顶板及两帮的支护要求,但难以对巷道底鼓进行有效控制,从而成为巷道围岩控制技术发展的瓶颈。

研究表明[4-6],底板高强预应力锚索加固是治理深井巷道底鼓最行之有效的办法,但在巷道底板预应力锚索锚固时,往往会出现以下问题:① 当锚固钻孔孔底含有积水时,此时若进行锚固剂的推进搅拌,则容易造成锚固剂中的固化剂遇水稀释;另外,后期施工用水会影响树脂锚固剂固化强度,降低锚固剂固化体密实度,钻孔水的长期侵蚀会降低锚固材料-孔壁之间的黏结力,从而使锚索锚固力后期衰减较快。② 现有的水泥砂浆锚固材料抗渗能力和护筋能力较差,钻孔积水进入锚索-锚固剂界面会腐蚀锚索,从而使锚索与锚固剂界面发生滑移失效;另外,钻孔积水以及巷道底板水的长期侵蚀会使锚固材料的锚固强度降低。③ 现有的锚固剂抗渗性能较差,导致锚固段钻孔围岩在积水侵蚀作用下强度弱化,如图 1-2 所示,并且强度被弱化的孔壁有润滑效果,从而导致锚固剂与孔壁之间的黏结力和摩擦力降低,会进一步降低锚固强度。因此,研制一种巷道底板预应力锚索新型锚固材料,对深部巷道底鼓的有效治理起着重要的作用。

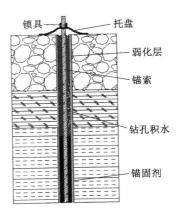

图 1-2　巷道底板锚索锚固示意

　　本书从以下三个方面开展研究工作:① 通过理论分析和数值模拟研究钻孔孔壁弱化对锚固力的影响。② 研制一种新型的巷道底板锚固材料,并对锚固材料固化体强度、护筋能力、抗渗能力进行研究,目的是研制一种强度高、护筋能力强、抗渗效果好、锚固强度高的新型底板锚固剂,它能有效防止巷道底板锚杆(索)的锚固力在水的侵蚀下衰减。③ 对巷道底板锚固材料在搅拌推进时的扭矩、推力、转速与位移之间的关系进行研究。

1.2　国内外研究进展

　　底鼓是煤矿巷道中经常发生的动压现象,巷道底鼓使巷道有效断面缩小,阻碍了巷道的正常运输、通风以及行人等工作,严重影响煤矿的安全生产。巷道底鼓问题是煤矿开采等地下工程支护中的一项技术难题。大量的实测资料表明[7-8],在煤矿巷道顶底板移近量中有2/3~3/4 是底鼓造成的,强烈的巷道底鼓不仅带来了大量的维修工作,增加了巷道的维护费用,而且底鼓显著影响着巷道两帮及顶板的变形与破坏,危及矿井安全生产。近年来,针对巷道底板锚固材料,国内外学者进行了大量有意义的研究工作。

1.2.1　煤矿锚杆(索)锚固机理研究现状

　　锚杆(索)支护是煤矿巷道支护的重要手段,可提高围岩自身的承载能力,使围岩体重新形成一个完整的整体,从而增强围岩稳定性,支护成本低。经过多年的理论研究和工程实践,目前锚杆(索)支护在采矿工程领域应用广泛,且取得了显著的经济社会效益[9]。由大量的工程试验与实验室试验可知,锚杆(索)锚固失稳多发生在锚杆(索)与锚固剂界面、锚固剂与锚固钻孔孔壁界面两处,因此,掌握锚固界面的受力情况及其对巷道支护效果的影响规律就显得尤为重要[10-17]。

M. L. Blanco 等[18]指出在锚杆锚固长度能够保证界面剪切应力均匀分布的条件下,锚杆拉拔试验能够说明锚杆与树脂锚固剂之间的本构关系。

Y. Cai 等[19]建立了锚杆、浆体及围岩相互作用力学模型,并通过井下试验分析了锚固界面上的力学环境演化规律。

尤志嘉等[20]通过研究土层锚固体应力传递机制,认为锚固体上剪应力分布的均匀程度与土层密实度密切相关,土层的密实度越低,其抗力系数、内摩擦角越小,则锚固体上的剪应力分布越均匀。

伍国军等[21]对地下工程锚固界面力学模型及其时效性进行研究,研究结果表明,地下工程锚固界面产生的剪切流变导致锚杆应力增大,锚杆所受最大应力向锚杆根部转移,研究成果可为地下工程锚固的可靠性分析提供理论依据。

尤春安等[22]通过分析锚索锚固界面的承载特性,得出随载荷增加,锚固系统的整体破坏将经历四个阶段的结论。

谈一评等[23]通过试验研究了动载下锚杆-砂浆界面上的变形破坏特征,得出剪应力沿杆体方向呈不均匀分布形态,其最大值发生在锚杆根部的结论。

自锚杆支护技术应用以来,国内外学者在支护材料、锚固方式及力学环境等因素对锚杆失效破坏的影响规律方面进行了研究[24-29]。

锚固技术应用锚杆或锚索对岩体进行加固,然而目前我国中东部地区普遍出现深部开采的状况,当采矿进入深部后,随着埋深的不断增加,开采环境处于高应力状态,支护难度急剧增加,如预应力失效、锚杆(索)托板脱落以及锚杆杆体拉断等[30-33],这些都成为深部开采巷道支护的关键问题。因此,对锚杆(索)的力学响应特征及失效的研究就显得尤为重要。

1.2.2 煤矿巷道底鼓防治研究现状

国内外学者针对巷道围岩底鼓机理及防治进行了大量理论研究和工程实践,获得了丰硕的研究成果。研究人员主要采用模拟计算、现场实测及力学建模等方法[34-41];在巷道底鼓控制措施及施工装备上进行了大量研究工作,取得了很好的成果[42-43]。有关学者[44-49]以主动支护为主体构建整体支护来控制巷道底板变形,部分学者提出采用联合支护方式控制巷道底板变形[50]。

李和志等[50]针对在巷道底板中单一采用竖直锚杆防治底鼓的局限,提出一种梁锚结构支护方法,该支护方法可以有效解决软岩巷道底鼓问题。该梁锚结构由竖直锚杆、横梁、纵梁组成,横梁用竖直锚杆连接,纵梁将相邻的横梁相连,从而使得竖直锚杆、横梁、纵梁形成整体支护结构。同时,从理论上分析基于软岩巷道底鼓的形成机理及底板的变形趋势,根据横梁受力特点,确定了竖直锚杆的长度和横梁的设计参数。

S. Seki 等[51]进行了模型试验以及使用有限差分法(Code FLAC)的数值分析,以制定面对起伏现象的合理措施。在模型试验和数值分析的基础上,研究了模型试验的再现性和有效性,掌握了起伏现象的一些特点,建立了不同加载方式下的起伏现象估算因素。

华心祝等[52]为研究深井沿空留巷底鼓特征及演化机理,以淮南顾桥煤矿深井沿空留巷为工程背景,利用自行研制的双向四面可调加载多功能相似模拟试验装置,开展典型条件深井沿空留巷底鼓演化机理模型试验。

冯超等[53]通过现场监测发现,在巷道顶板和两帮变形大的地方底鼓较明显。

为显著减小巷道底鼓的影响,确保矿井的正常生产,国内外研究矿山压力的学者提出了开挖卸压槽治理巷道底鼓的措施[54-56]。

吕强等[57]认为巷道软岩底板变形主要是上部煤柱集中应力转移、工作面掘进和回采形成的复杂应力造成的。

王超等[58]针对石门底鼓提出了"锚网-喷混凝土-U型钢"联合支护方式。

靳俊晓等[59]针对保德煤矿81306工作面二号回风巷底板产生非对称破坏,造成巷道非对称大变形底鼓问题,引入蝶叶形塑性区理论,结合理论分析和数值模拟分析研究了沿空回采巷道蝶叶形非对称底鼓机理。

韩磊等[60]分析了采动影响下回采巷道底鼓机理,建立了回采巷道受采动影响的底鼓力学模型,并进行了受力分析;同时,采用FLAC3D模拟研究了回采巷道的变形破坏规律。研究结果表明,采用在底板中开挖卸压槽的方式控制回采巷道底鼓效果显著。

X. M. Sun等[61]针对底板不对称隆起和巷道围岩变形问题,提出不对称耦合支护的对策,该对策可减小围岩关键区域的不对称变形,有效地控制底鼓现象。

G. Wu等[62]认为巷道底鼓主要是复杂的应力和地质条件,巷道破碎,支护不当造成的。

W. Zhang等[63]构建了巷道围岩的整体力学结构模型(顶板、两帮和底板),揭示了巷道围岩整体变形机制;并提出了非对称巷道变形协同控制的原理。

J. H. Yang等[64]采用复变函数法分析了巷道底板底鼓机理,结果表明:底板在切向集中应力作用下向中心移动而隆起;底板稳定性主要受底板力学性质和围岩支承压力的影响;工作面的开采扰动和矿井水可以扩大底板的变形。

M. Wang等[65]应用FLAC3D对长壁开采巷道底鼓进行了分析,解释了岩石的峰后变形现象。

G. Y. Guo等[66]进行了数值模拟、实验室物理模拟和工程实践,得出了加固顶板和侧壁可以有效控制巷道底板隆起的结论。

A. H. Wilson[67]认为回采巷道底鼓主要表现为底板岩层被剪切破坏后形成的塑性区内岩石的变形与破坏。

K. Haramy[68]认为煤矿地质状况、瓦斯压力、巷道底板岩层结构性质、巷道掘进方向和尺寸以及支承压力都是引起巷道底鼓的重要因素,提出从优化巷道尺寸和开采方式两方面着手防治底鼓的观点。

1.2.3 煤矿巷道锚固材料研究现状

目前,锚固材料锚固剂可分为两种,即树脂锚固剂和水泥锚固剂[69]。

(1)树脂锚固剂

树脂锚固剂锚杆支护已经成为煤矿巷道的主要支护方式。20世纪50年代德国率先研制并应用树脂锚固剂锚杆,经过约70年的应用和完善,目前树脂锚固剂锚杆因成本低、支护效果好、应用范围广,已普及至世界各主要采煤国家,用于煤矿井下巷道支护。我国自20世纪70年代采用树脂锚固剂锚杆支护,首先在安徽淮南、黑龙江鸡西、江苏徐州等矿区进行工业性试验,并取得良好的应用效果[70],随后这种支护技术被应用到全国矿区范围内。20世纪 90 年代,我国开始引进澳大利亚锚杆支护技术并在消化和吸收的基础上进一步研发,针对我国的复杂地质条件进行适应性研究[71]。目前,树脂锚固剂锚杆(索)应用加长、全长、小孔径等树脂锚固技术,并成为我国煤矿巷道的主导支护技术[72]。

应用于煤矿现场的树脂锚固剂主要有三大类[73]:环氧树脂类、不饱和聚酯树脂类以及聚氨酯类。其主要优点在于黏结强度高、固化时间短、安全性高[74]。锚固剂的主要作用是将两种不同性质的物体(锚杆与围岩)黏结成一个整体,提高围岩的整体力学性能,从而降低围岩变形,同时起到调节围岩与杆体受力作用。浅部围岩和深部围岩所处的力学环境不一样,造成围岩变形不尽相同,围岩与锚杆杆体之间的受力通过锚固剂传递,在一定程度上可降低应力集中程度,对控制锚杆杆体与围岩变形破坏可起到关键作用[75]。

穆克汉等[76]通过在锚固剂中掺入煤矸石粉的试验,分析煤矸石粉掺入量对锚固剂力学性能的影响规律。研究表明:在 20%替代率的情况下,树脂锚固剂不但抗压强度没有降低,而且其抗折强度还有所增长。这说明采用煤矸石粉作为填料配制树脂锚固剂是可行的,并具有广泛的工程应用前景。

王淑敏等[77]研究了甘油改性锚固剂专用不饱和聚酯树脂的合成原理、配方和工艺,分析了该工艺中反应温度、甘油添加量的影响,以及反应终点控制等问题。

周梅等[78]将煤矸石破碎级配后作为集料,粉煤灰作为填料,钢纤维作为增强材料与环氧树脂胶黏剂结合,成功配制出 7 d 抗压强度为 57.32 MPa、抗折强度为 15.37 MPa 的树脂混凝土。

然而,在深部巷道中,温度较高,底板常有积水。温度和水对锚固剂均有一定程度的影响:锚固性能对温度较为敏感,高温环境和低温环境下锚固剂的锚固性能都不佳,锚杆锚固力降低程度较大;含水量的多少同样对锚固剂性能有较大的影响。当锚杆钻孔施工时,若钻孔淋水量较大,则锚杆锚固性能大幅度降低,严重时甚至会造成锚固失效,从而导致锚杆支护系统失效[79]。因此,树脂锚固剂不适合应用于深部巷道底鼓治理。

(2)水泥锚固剂

20 世纪 80 年代,我国陆续开始研发并使用水泥锚固剂,主要在原有锚固剂基础上通过添加适量水泥作为改性添加剂,这种材料因价格适当、支护效果好、安全性能强,在我国巷道支护锚固剂材料选择上应用较为广泛[80]。

水泥锚固剂是用来锚固水泥锚杆的。水泥锚固剂具有速凝、快硬、微膨胀的特点,因而水泥锚杆锚固快,锚固力大,适应性广,后期锚固力稳定,质量好,无污染,工艺简单,货源广,成本低,安全可靠。

与采用树脂锚固剂进行端头锚固相比,水泥锚固剂具有速凝、高强的优势,且对围岩温度和水适应性强,经济效益好,适用于各种井巷工程的支护[81]。

贾继田[82]分析了水泥锚固剂全长锚固网喷支护技术在深部岩巷掘进中的应用情况,该支护技术较端头锚固技术具有良好的锚固性能,能够有效地控制围岩变形,防止煤岩体片帮脱落,巷道整体稳定性好。

X. J. Li 等[83]将双快水泥和硫铝酸盐早强水泥按一定比例混合配制成一种新型锚固剂,它固化快,终凝时间在 11 min 内;使用该锚固剂,锚杆初锚力增大,安装 0.51 h 可达 5 565 kN。这种锚固剂配料获取方便,价格便宜,适用于复杂地层及永久性锚杆支护。

T. Žlebek 等[84]通过废玻璃对锚固材料性能影响的优化试验,得出在所有测试类型的废玻璃中,当破碎玻璃粒径在 $0 \sim 0.63$ mm 之间时,锚固材料性能最佳的结论。

长期以来,国内外专家学者针对巷道底板底鼓机理与控制技术进行了大量的研究,而针对巷道的锚固材料研究较少,专门针对适用于巷道底板的锚固剂的研究则更少。巷道高预应力锚索支护是治理巷道底鼓的重要方法之一,但是现有的树脂锚固剂难以满足工程要求。因此,研制一种新型的巷道底板锚固剂对煤矿安全生产具有重要意义。

1.3　存在的问题

(1) 现有的煤矿巷道底板锚固材料多采用树脂锚固剂,而树脂锚固剂遇水进行搅拌推进时,其固化剂易溶于水而被稀释,从而导致树脂锚固剂固化后锚固强度降低,后期锚固力衰减速度较快。

(2) 现有的水泥锚固剂抗渗能力较差,钻孔积水易于进入锚索与锚固剂界面腐蚀锚索表面,从而导致锚索与锚固剂之间的剪切力降低,进而导致锚索脱锚。

(3) 当巷道底板含水或钻孔积水时,水的侵蚀作用会导致钻孔围岩强度弱化,使锚固剂与围岩界面之间的黏结力和剪切力降低,从而导致锚索锚固力降低;当受到围岩应力作用后,锚索锚固力衰减较快,锚固效果不理想。

1.4　主要研究内容

(1) 巷道底板小孔径预应力锚索锚固机理分析

对巷道底板预应力锚索锚固机理进行研究,通过数值分析研究巷道钻孔围岩强度弱化对锚固力的影响。

(2) 巷道底板小孔径预应力锚索锚固材料研制

通过试验研究水灰比、硅灰、矿粉、偏高岭土和聚丙烯纤维素单一因素对锚固材料初终凝时间和物理力学性能的影响。以硅灰、矿粉、偏高岭土以及聚丙烯纤维素为添加剂,以锚固原材料为基础材料进行正交试验。

(3) 新型锚固材料锚固性能研究

对优化后的锚固材料物理性能、锚固力、抗侵蚀能力进行试验研究。

(4) 新型锚固剂结构优化及锚固推进过程试验研究

通过自主研发的锚杆(索)搅拌锚固剂锚固时的力学响应监测装置,研究新型锚固剂搅拌推进时扭矩、推力、转速与位移之间的关系。

1.5　研究技术路线

本书研究拟采用的技术路线如图 1-3 所示。

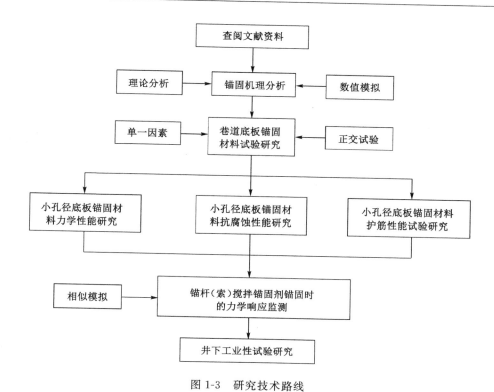

图 1-3 研究技术路线

2　巷道底板小孔径预应力锚索锚固机理分析

目前,国内外底板锚索锚固绝大部分采用大孔径,但是大孔径锚索锚固施工速度慢、成孔效率低、搅拌效果差[85]。而小孔径锚索具有柔韧性好、施工方便、锚固深度大、可施加较大预应力等特点,在煤炭行业的应用越来越广泛[86-87]。

一般认为,锚固类结构存在2个界面,锚杆(索)与锚固剂之间的界面称为第1界面,锚固剂与孔壁之间的界面称为第2界面。锚固单元受力后,在这两种界面上产生剪切力,该力通过这两种界面才能传递到稳定地层中。

在巷道底板小孔径预应力锚索锚固研究中,可将其划分为3段,包括锚固段、自由段、外露段,如图2-1所示。

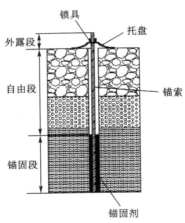

图 2-1　底板锚固系统

2.1　巷道预应力锚索锚固段锚固体剪应力分析

将围岩所处的应力环境看成无限体,将锚固体看成一点 O,其上受集中力 P 作用,该问题的求解属于开尔文(Kelvin)问题,如图2-2所示,主要求解 Z 轴方向的位移:

$$u_z = c \Big[\frac{2(1-2\mu)}{R} + \frac{1}{R} + \frac{z^2}{R^3} \Big] \tag{2-1}$$

$$R = \sqrt{x^2 + y^2 + z^2} \tag{2-2}$$

$$c = \frac{P}{16\pi G(1-\mu)} \tag{2-3}$$

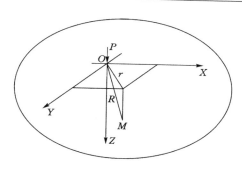

图 2-2 开尔文问题计算简图

将锚固体杆体方向设为与 Z 轴方向重合,在 O 点和 M 点分别施加集中力 P。此时,在集中力作用下,X 轴、Y 轴方向的位移应为零,只在 Z 轴方向产生位移。则在锚索锚固段某点处有集中力 P 作用时锚固端 O 点的位移为:

$$u_z = \frac{P(1+\mu)}{2\pi Ez} \tag{2-4}$$

设锚固段半无限长,且处于弹性范围内。令锚索锚固段对围岩产生的剪应力为 τ,那么该剪应力 τ 造成锚固端的位移与锚固段总变形量相等:

$$\int_0^\infty \frac{(1+\mu)}{2\pi Ez} \cdot 2\pi\tau\,\mathrm{d}z = \int_0^\infty \frac{1}{E_a A}\left(P - 2\pi a\int\tau\,\mathrm{d}z\right)\mathrm{d}z \tag{2-5}$$

式中　E——岩体的弹性模量,GPa;

　　　E_a——锚固体的弹性模量,GPa;

　　　a——锚固体半径,mm;

　　　A——锚固体的截面积,mm²;

　　　μ——岩体的泊松比。

对式(2-5)化简整理可得:

$$\tau'' + kz\tau' + 2k\tau = 0 \tag{2-6}$$

其中,$k = \dfrac{2\pi G}{E_a A}$,$G$ 为岩体的剪切模量。

对式(2-6)整理求解,可得锚固段沿锚固体分布的剪应力:

$$\tau = \frac{Ptz}{2\pi a}\exp\left(-\frac{1}{2}tz^2\right) \tag{2-7}$$

$$t = \frac{1}{2(1+\mu)a^2}\left(\frac{E}{E_a}\right) \tag{2-8}$$

将式(2-8)代入式(2-7)可得:

$$\tau = \frac{PEz}{4\pi a^3 E_a(1+\mu)} \cdot \exp\left[-\frac{E}{4E_a(1+\mu)a^2} \cdot z^2\right] \tag{2-9}$$

代入相应的值,由式(2-9)求得当集中力 P 分别为 30 kN、50 kN、70 kN 和 120 kN 时,锚固段剪应力随距锚固自由端距离的变化曲线,如图 2-3 所示。

由图 2-3 可知,当锚固段距锚固自由端很近时,其界面剪应力较大,并且达峰值;随着距锚固自由端距离的增大,剪应力非线性减小。而且从图 2-3 中可得出,剪应力是非均匀的,

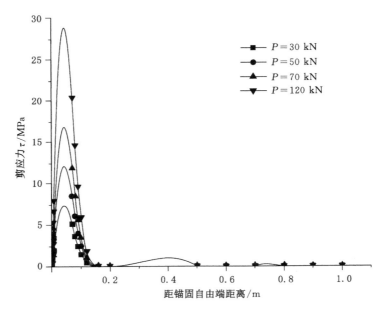

图 2-3　锚固段剪应力随距锚固自由端距离的变化曲线

并存在零值点;随着集中力 P 的增大,剪应力传递的距离增大。

由式(2-9)可知,锚固段锚固力大小与钻孔围岩力学性质和锚索强度有关。当钻孔长期积水时,钻孔积水会长期侵蚀钻孔围岩,导致钻孔孔壁附近的围岩强度弱化。

姚强岭[88]在富水巷道顶板强度弱化机理及控制研究中发现,岩石在水的浸泡作用下,其抗压强度、弹性模量均发生了衰减。

康红普[89]在水对岩石的损伤研究中得出岩石弹性模量与含水率的关系:

$$E_1 = E_0 - B(w - w_0) \tag{2-10}$$

式中　E_1——岩石浸水后的弹性模量;

E_0——岩石浸水前的弹性模量;

w——岩石浸水后的含水率;

w_0——岩石浸水前的含水率;

B——与岩石性质有关的系数。

将式(2-10)代入式(2-9),可得在钻孔水弱化后,含水率对锚固段锚固力的影响公式:

$$\tau = \frac{P[E_0 - B(\omega - \omega_0)]z}{4\pi a^3 E_a(1 + \mu)} \cdot \exp\left[-\frac{E_0 - B(\omega - \omega_0)}{4E_a(1 + \mu)a^2} \cdot z^2\right] \tag{2-11}$$

通过试验和现场情况可知,预应力锚索锚固失效多发生在锚固剂和钻孔围岩界面处,锚固段第 2 界面受力分析如图 2-4 所示。由刘少伟等[90]对锚杆(索)支护煤巷锚固系统各构件受力特征分析可知,锚固段受力计算式为:

$$F = \pi D \int_0^z \tau \, \mathrm{d}z + A\sigma_\mathrm{d} \tag{2-12}$$

其中:

$$A = \frac{1}{4}\pi D^2 \tag{2-13}$$

式中　F——锚固段第 2 界面所能承受的锚固力,kN;

　　　　D——钻孔直径,mm;

　　　　τ——距离锚固自由端 z 处的剪应力,MPa

　　　　σ_d——锚固剂底部和钻孔围岩之间的黏结力,与钻孔围岩的性质有关,MPa;

　　　　A——钻孔横截面积,mm^2。

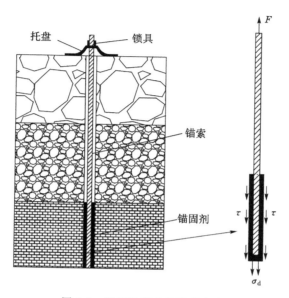

图 2-4　锚固段第 2 界面受力分析

将式(2-9)和式(2-13)代入式(2-12),可得到钻孔围岩无积水锚固段第 2 界面的锚固力:

$$F = \pi D \int_0^z \frac{Pz}{4\pi a^3(1+\mu)} \cdot \frac{E}{E_a} \cdot \exp\left[-\frac{E}{4(1+\mu)E_a a^2} \cdot z^2\right] dz + \frac{1}{4}\pi D^2 \sigma_d \quad (2\text{-}14)$$

同理,将式(2-11)和式(2-13)代入式(2-12),可得锚固段第 2 界面锚固力与钻孔围岩含水率的关系式:

$$F = \pi D \int_0^z \frac{Pz}{4\pi a^3(1+\mu)} \cdot \frac{E_0 - B(\omega-\omega_0)}{E_a} \cdot \exp\left[-\frac{E_0 - B(\omega-\omega_0)}{4(1+\mu)E_a a^2} \cdot z^2\right] dz + \frac{1}{4}\pi D^2 \sigma_d$$

$$(2\text{-}15)$$

2.2　数值模拟试验研究方案

2.2.1　Abaqus 数值模拟软件应用

数值模拟软件采用 Abaqus,模型创建及运算顺序如图 2-5 所示。

2.2.2　数值模拟方案

关于钻孔围岩弱化对锚固段锚固力的影响,已经在 2.1 节进行了理论推导,发现当锚固

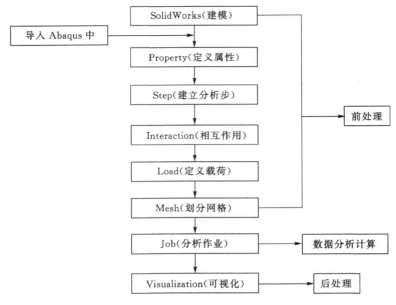

图 2-5　模型创建及运算顺序

钻孔内有积水时,钻孔围岩在积水的长期侵蚀下强度会发生弱化,从而导致锚固段第 2 界面强度降低,锚固力衰减。通过控制钻孔围岩弱化层的厚度,研究钻孔围岩遇水侵蚀强度弱化后对锚固段锚固力的影响。

　　为控制单一变量,假设端部锚固的长度不超过钻孔总长度的 1/3,模拟中锚索长度为 700 mm,钻孔深度为 600 mm。将端部锚固长度设定为 200 mm,锚索直径为 17.8 mm,钻孔直径为 30 mm。模拟中在锚索自由端分别施加 40 kN、80 kN、120 kN、160 kN 的拉拔力并监测锚固效果。具体方案如表 2-1 所示。

表 2-1　数值模拟方案

分组 参数	方案编号															
	A_0	A_1	A_2	A_3	B_0	B_1	B_2	B_3	C_0	C_1	C_3	C_4	D_0	D_1	D_3	D_4
弱化层厚度 /mm	0				5				10				15			
拉拔力/kN	40	80	120	160	40	80	120	160	40	80	120	160	40	80	120	160

2.3　数值模拟对比试验模型建立

2.3.1　材料物理力学参数

　　在数值模拟时为控制单一变量,设定钻孔弱化层只有一层并满足以下假设:

① 孔壁光滑,无裂缝。

② 弱化层围岩是均质体,并且不同厚度的弱化层弱化程度相同。

③ 弱化层以外的围岩是均质体,并且强度未被积水侵蚀弱化。

④ 不考虑锚固体强度的弱化。

⑤ 不考虑围岩应力。

数值模拟中锚索、锚固剂、钻孔围岩、弱化层的有关参数取值如表 2-2 所示,其中,弱化层参数的取值为正常围岩的 1/2。

表 2-2　数值模拟参数

	弹性模量/GPa	泊松比	锚固界面黏结力/MPa
锚索	205.89	0.3	锚固剂与弱化层之间界面为 3.4 MPa,弱化层与围岩之间界面为 6.5 MPa,锚固剂与锚索之间界面为 16 MPa
锚固剂	7.5	0.25	
钻孔围岩(中粒砂岩)	15.15	0.26	
弱化层	7.58	0.13	

2.3.2　边界条件与网格划分

模型均采用六面体单元划分网格,岩层按照分区划分网格。由于需要研究钻孔和锚固剂两者界面的锚固力,所以对其网格细化,而其外围为次要区域,如图 2-6 所示。为方便准确地提取数据,在锚固段钻孔轴心处均匀布置数据提取点,如图 2-7 所示。

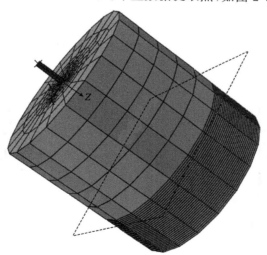

图 2-6　网格划分情况

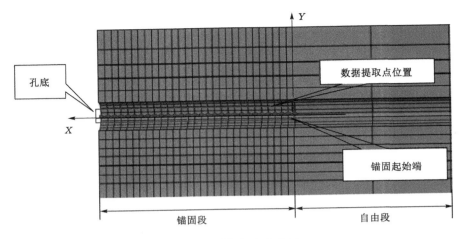

图 2-7　数据提取点位置

2.4　数值模拟结果分析

2.4.1　正常钻孔围岩应力分布特征

由图 2-8 可知,在锚固长度为 200 mm 的条件下,对锚索分别施加 40 kN、80 kN、120 kN、160 kN 的拉拔力时,钻孔围岩应力最大值分别为 6.521 MPa、8.076 MPa、12.41 MPa、14.09 MPa。由此可知,钻孔围岩应力最大值随着锚索拉拔力的增大而增大。由图 2-9 所示正常钻孔围岩应力分布曲线可知,钻孔围岩应力随着距锚固起始端距离的增加先增大后减小;从图中可明显看出,钻孔围岩应力峰值位置位于锚固起始端附近,并且当

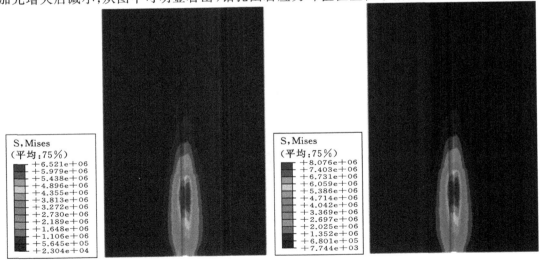

（a）锚索拉拔力为 40 kN　　　　　　　　（b）锚索拉拔力为 80 kN

图 2-8　正常钻孔围岩应力分布特征

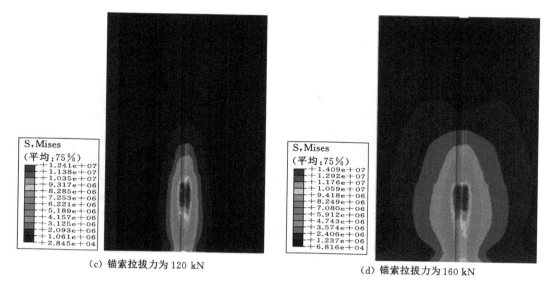

（c）锚索拉拔力为 120 kN　　　　　　　　（d）锚索拉拔力为 160 kN

图 2-8（续）

应力达到最大值以后,钻孔围岩应力随着距锚固起始端距离的增加逐渐减小。这也间接说明,当对锚索施加载荷时,锚固力经历由锚索传递给锚固剂,然后由锚固剂传递给钻孔围岩的过程,并且载荷越大应力传递距离越大。

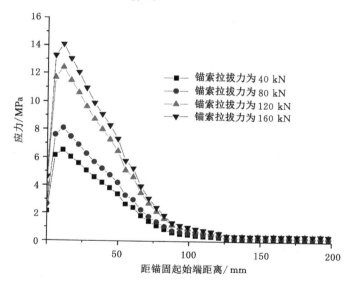

图 2-9　正常钻孔围岩应力分布曲线

2.4.2　孔壁弱化层厚 5 mm 时钻孔围岩应力分布特征

由图 2-10 可知,当钻孔围岩受到积水侵蚀孔壁出现一层厚度为 5 mm 的弱化层时,对锚索分别施加 40 kN、80 kN、120 kN、160 kN 的拉拔力,钻孔围岩应力最大值分别为

4.149 MPa、5.432 MPa、8.755 MPa、11.24 MPa；钻孔围岩应力最大值随着锚索拉拔力的增大而增大。由图 2-11 可知，随着距锚固起始端距离的增加，钻孔围岩应力呈现先增大后减小的趋势，并且应力峰值位置处于锚固起始端附近。

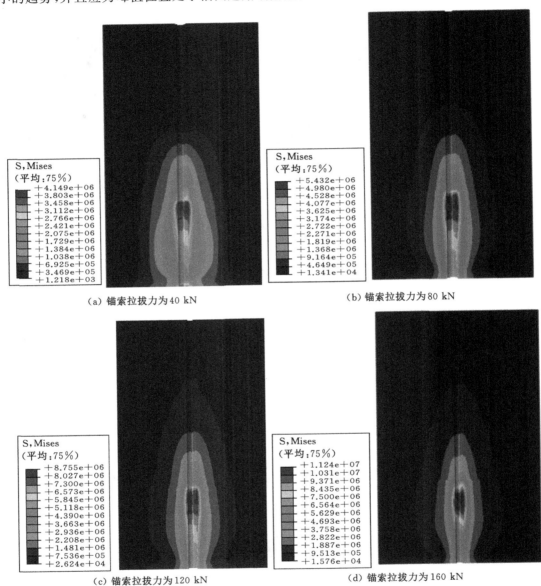

（a）锚索拉拔力为 40 kN   （b）锚索拉拔力为 80 kN

（c）锚索拉拔力为 120 kN   （d）锚索拉拔力为 160 kN

图 2-10   孔壁弱化层厚 5 mm 时钻孔围岩应力分布特征

2.4.3   孔壁弱化层厚 10 mm 时钻孔围岩应力分布特征

由图 2-12 可知，当锚索钻孔孔壁遇水弱化后，其孔壁弱化层厚度为 10 mm 时，对锚索分别施加 40 kN、80 kN、120 kN 以及 160 kN 的拉拔力，钻孔围岩应力最大值分别为 2.928 MPa、4.817 MPa、7.129 MPa 以及 10.86 MPa；相较锚索拉拔力为 40 kN 时钻孔围岩

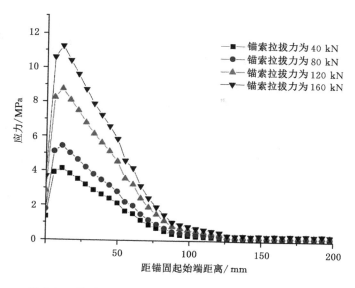

图 2-11　孔壁弱化层厚 5 mm 时钻孔围岩应力分布曲线

应力最大值,锚索拉拔力为 80 kN、120 kN 和 160 kN 时的围岩应力最大值分别增加
0.65 倍、1.43 倍、2.71 倍;随着锚索拉拔力的增大,钻孔围岩应力最大值逐渐增大。由
图 2-13所示钻孔围岩应力分布曲线可知,随着距锚固起始端距离的增加,钻孔围岩应力先
增大后减小,并且锚索拉拔力越大应力峰值越大,传递距离越远。

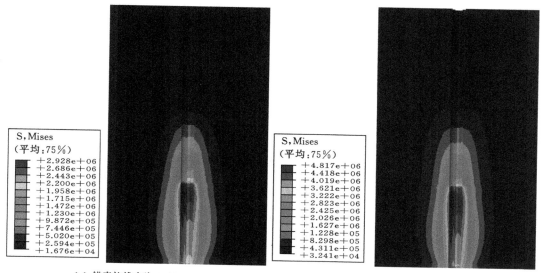

（a）锚索拉拔力为 40 kN　　　　　　　　　（b）锚索拉拔力为 80 kN

图 2-12　孔壁弱化层厚 10 mm 时钻孔围岩应力分布特征

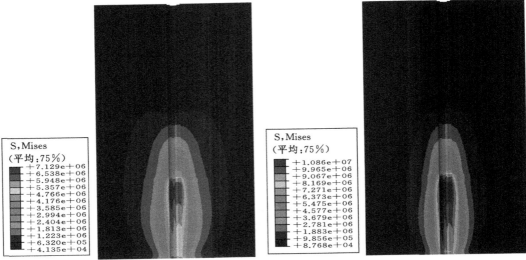

（c）锚索拉拔力为 120 kN　　　　　　（d）锚索拉拔力为 160 kN

图 2-12（续）

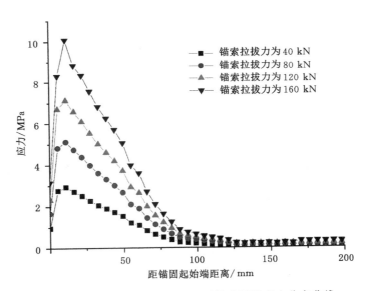

图 2-13　孔壁弱化层厚 10 mm 时钻孔围岩应力分布曲线

2.4.4　孔壁弱化层厚 15 mm 时钻孔围岩应力分布特征

由图 2-14 和图 2-15 可知,当钻孔孔壁受到水的侵蚀孔壁弱化层厚度为 15 mm 时,对锚索施加 40 kN、80 kN、120 kN、160 kN 的拉拔力,钻孔围岩应力最大值分别为 1.802 MPa、3.431 MPa、5.456 MPa、8.095 MPa;随着锚索拉拔力的增大,钻孔围岩应力最大值增大,并且随着距锚固起始端距离的增加,钻孔围岩应力呈现先增大后减小的趋势。

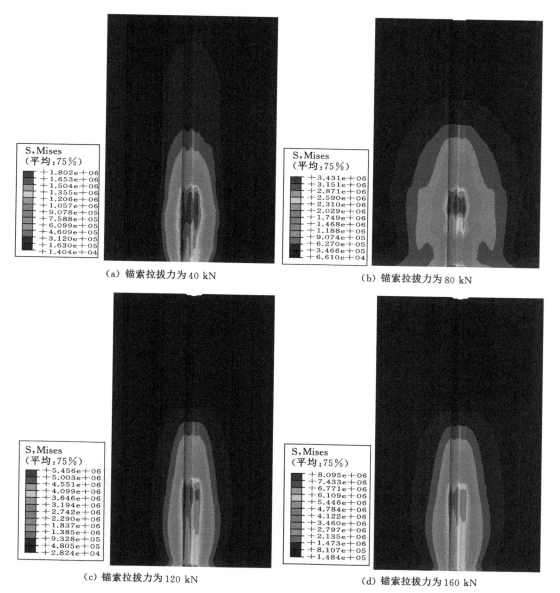

<!-- (a) 锚索拉拔力为 40 kN -->
<!-- (b) 锚索拉拔力为 80 kN -->
<!-- (c) 锚索拉拔力为 120 kN -->
<!-- (d) 锚索拉拔力为 160 kN -->

图 2-14 孔壁弱化层厚 15 mm 时钻孔围岩应力分布特征

2.5 数值模拟综合分析

在 2.4 节,对不同载荷条件下正常钻孔和不同弱化程度钻孔的围岩应力进行了详细的分析。为更好地对比孔壁不同弱化程度对锚固力的影响,本节将在锚索拉拔力为 160 kN 的条件下,就钻孔积水侵蚀弱化孔壁后对锚固力的影响进行详细的对比研究。

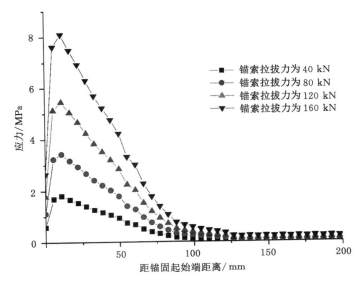

图 2-15 孔壁弱化层厚 15 mm 时钻孔围岩应力分布曲线

2.5.1 钻孔围岩应力分布特征综合分析

由图 2-16 可知,在锚固长度为 200 mm 的条件下,对锚索施加 160 kN 的拉拔力,当锚索处于正常钻孔内时,钻孔围岩应力最大值为 14.09 MPa;当钻孔围岩受到积水侵蚀,孔壁出现一层厚度为 5 mm 的弱化层时,钻孔围岩应力最大值为 11.24 MPa,相较正常钻孔围岩应力最大值减小 20.23%;当孔壁弱化层厚度为 10 mm 时,钻孔围岩应力最大值为

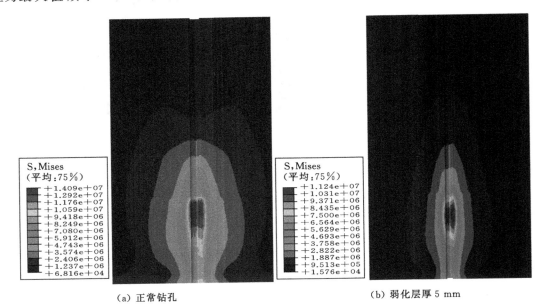

(a) 正常钻孔   (b) 弱化层厚 5 mm

图 2-16 孔壁不同弱化程度条件下钻孔围岩应力分布特征

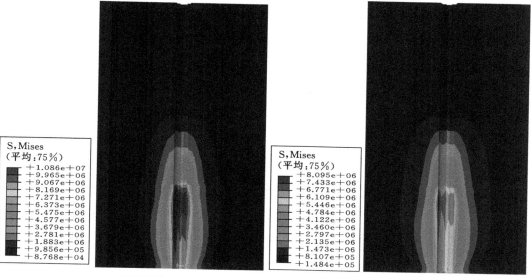

（c）弱化层厚 10 mm　　　　　　　　　（d）弱化层厚 15 mm

图 2-16（续）

10.86 MPa，相较正常钻孔围岩应力最大值减小 22.92%；当弱化层厚度为 15 mm 时，钻孔围岩应力最大值为 8.095 MPa，相较正常钻孔围岩应力最大值降低 42.55%。由此可看出，当锚索钻孔受到积水侵蚀时，围岩应力受到了严重影响，即传递到围岩上的锚固力受到严重影响，这也间接说明锚固力随着孔壁弱化程度的增大而减小。由图 2-17 可知，锚固力在围岩中传递的距离随着钻孔孔壁弱化层厚度的增加而减小；并且随着距锚固起始端距离的增加，钻孔围岩应力出现先增大后减小的现象，钻孔围岩应力峰值位于锚固起始端附近，这可间接说明锚固力最大值位置位于锚固起始端附近。

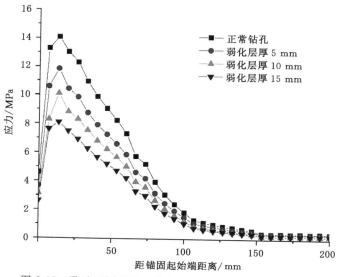

图 2-17　孔壁不同弱化程度条件下钻孔围岩应力分布曲线

2.5.2 锚固剂应力与位移分布特征综合分析

本小节以锚索拉拔力为 160 kN 为例,针对孔壁不同弱化程度条件下锚固剂应力和位移分布特征进行了综合分析。为方便数据提取,将锚固剂锚固起始端的轴心作为原点,沿锚固底端的方向为 X 轴的正方向,均匀布置 31 个数据提取点,如图 2-18 所示,分析结果如图 2-19和图 2-20 所示;并对这 31 个节点处的应力和位移进行了分析,结果如图 2-21 和图 2-22所示。

图 2-18　锚固剂数据提取点布置

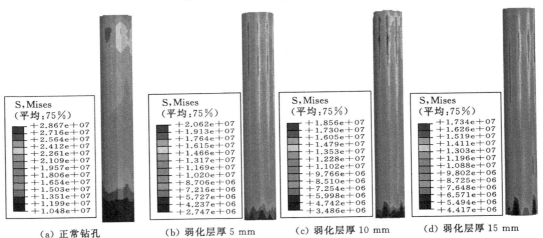

（a）正常钻孔　　（b）弱化层厚 5 mm　　（c）弱化层厚 10 mm　　（d）弱化层厚 15 mm

图 2-19　孔壁不同弱化程度条件下锚固剂应力分布特征

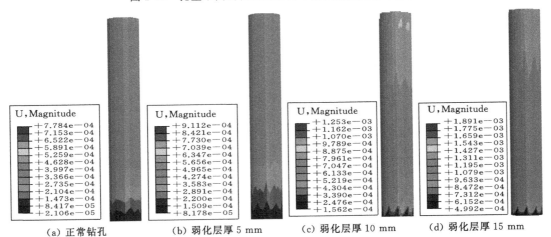

（a）正常钻孔　　（b）弱化层厚 5 mm　　（c）弱化层厚 10 mm　　（d）弱化层厚 15 mm

图 2-20　孔壁不同弱化程度条件下锚固剂位移分布特征

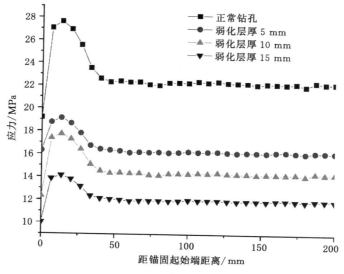

图 2-21 孔壁不同弱化程度条件下锚固剂应力分布曲线

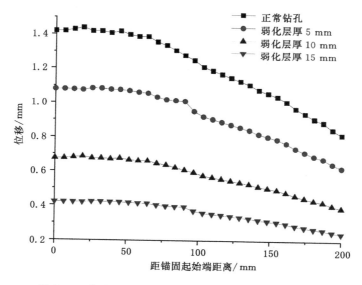

图 2-22 孔壁不同弱化程度条件下锚固剂位移分布曲线

　　由图 2-19 和图 2-21 可知，在锚索锚固长度为 200 mm，拉拔力为 160 kN 的条件下，当锚固钻孔正常、孔壁弱化层厚 5 mm、孔壁弱化层厚 10 mm、孔壁弱化层厚 15 mm 时，锚固剂应力最大值分别为 27.56 MPa、19.13 MPa、17.73 MPa、14.11 MPa，随着孔壁弱化程度的增大，锚固剂界面所受应力减小；并且锚固剂应力最大值位置位于锚固起始端的内侧。造成这种现象的原因是，当锚固钻孔孔壁受水的侵蚀出现弱化层后，锚固剂与孔壁之间的黏结力减小，因此随着弱化程度的增大锚固剂界面所受剪应力减小，从而说明随着孔壁弱化程度的增大,锚固力减小,锚固效果变差。由图 2-20 和图 2-22 可知。随着孔壁弱化程度的增大,锚固剂的位移增大。由锚固剂与围岩之间的相对位移可知,随着孔壁弱化程度的增大,锚固剂与围岩之间的相对位移增大,这说明当钻孔围岩受积水侵蚀弱化后,相应的预应力锚索锚固力相对较小,锚固剂与围岩之间更容易出现滑移脱锚的现象。造成这种现象的原因是,弱化层处于锚固剂与外围正常围岩之间,相当于在锚固剂与围岩之间起到了润滑作用,使锚固剂与围岩之间的黏结力、摩擦力减小。

2.6 本章小结

（1）通过理论推导得到了锚固段剪应力随距锚固自由端距离的变化曲线,当锚固段距离锚固自由端很近时,其界面剪应力达到峰值,随着距锚固自由端距离的增大,剪应力非线性减小。

（2）通过数值模拟对锚固钻孔孔壁不同弱化程度条件下,锚索拉拔力分别为 40 kN、80 kN、120 kN 以及 160 kN 时的钻孔围岩应力分布特征进行了详细分析,结果表明,不论锚固钻孔处于哪种孔壁环境下,围岩应力均随着锚索拉拔力的增大而增大,并且围岩应力最大值随距锚固起始端距离的增加先增大后减小。

（3）对孔壁不同弱化程度条件下,围岩应力、锚固剂应力以及锚固剂位移进行了对比分析,结果表明,在载荷和锚固长度一定的情况下,随着孔壁弱化程度的增大,围岩应力、锚固剂应力逐渐减小,而锚固剂的位移增大。这说明当锚固钻孔孔壁受水侵蚀出现弱化层时,这一层弱化层存在于锚固剂与围岩之间,使锚固剂与围岩之间的黏结力减小,在围岩与锚固剂之间起到润滑的作用,从而导致锚固剂与围岩之间的锚固力减小,锚固力传递效果变差,在锚固剂与围岩之间容易出现滑移脱锚现象。

3　巷道底板小孔径预应力锚索锚固材料研制

3.1　试验材料

3.1.1　锚固原材料

试验中使用的锚固原材料为郑州斯固特建材有限公司提供的高强无收缩无机锚固材料,其主要成分是特种水泥、铝酸盐水泥、细骨料、外加剂等。

3.1.2　试验外加剂

为了增加锚固原材料固化体密实度和强度,以及解决材料在固化过程中发生离析的问题,试验选择添加外加剂,并研究其单一掺量和复合掺量对锚固材料物理力学性质的影响。试验外加剂为硅灰、偏高岭土、矿粉以及聚丙烯纤维素,如图 3-1 所示。

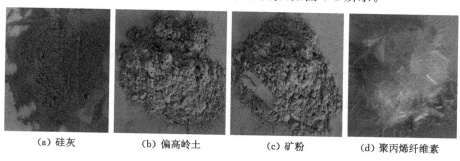

| (a) 硅灰 | (b) 偏高岭土 | (c) 矿粉 | (d) 聚丙烯纤维素 |

图 3-1　试验外加剂

① 硅灰,其组分含量如表 3-1 所示,试验使用的硅灰购买于四川朗天资源综合利用有限责任公司。

表 3-1　硅灰组分含量

组分	SiO_2	Cl^-	Al_2O_3	Fe_2O_3	CaO	MgO	K_2O	H_2O	烧失量
含量/%	96	0.1	0.5	0.2	0.3	0.5	0.7	1	0.7

② 偏高岭土,其组分含量如表 3-2 所示,试验使用的偏高岭土购买于山西蒲百高岭土有限公司。

表 3-2 偏高岭土组分含量

组分	SiO_2	Al_2O_3	Fe_2O_3	CaO	MgO	K_2O	MnO_2	Na_2O
含量/%	46	36	0.6	15	0.3	0.06	0.04	2

③ 矿粉,其主要技术指标如表 3-3 所示,试验使用的矿粉购买于灵寿县振英矿产品加工厂。

表 3-3 矿粉技术指标

项目名称		单位	指标	测试值
密度		g/cm³	≥2.8	2.83
比表面积		m²/kg	≥400	420
活性指数	7 d	%	≥70	79
	28 d	%	≥95	97
含水量		%	≤1.0	0.1
三氧化硫含量		%	≤4.0	2.2
氯离子含量		%	≤0.06	0.03
烧失量		%	≤1.0	0.2
流动比			≥95	98
放射性			合格	合格

④ 聚丙烯纤维素,其技术指标如表 3-4 所示,可提高混凝土的抗裂性、抗渗性、抗冲击性、抗收缩性等,试验使用的聚丙烯纤维素购买于河南天盛化学工业有限公司。

表 3-4 聚丙烯纤维素技术指标

长度/mm	直径/μm	密度/(g/cm³)	弹性模量/GPa	抗拉强度/MPa	断裂延长率/%
5	45	0.91	8	420	8.1

3.1.3 试验化学试剂

① NaOH,购买于烟台市双双化工有限公司。

② 草酸,购买于天津市致远化学试剂有限公司。

3.1.4　试验锚索

研究涉及的锚索来源于平顶山天安煤业股份有限公司十一矿,其技术指标如表 3-5 所示。

表 3-5　试验用锚索技术指标

结构	直径/mm	极限载荷/kN	延伸率 δ/%
1×7	17.8	353	4.0

3.2　水灰比对锚固材料性能影响试验结果分析

设置 5 种水灰比,分别为 0.4、0.42、0.44、0.46、0.48、0.5,研究不同水灰比对锚固材料的凝结时间、抗压抗折强度的影响,以确定最佳水灰比。

3.2.1　水灰比对锚固材料凝结时间影响试验结果

利用标准维卡仪(图 3-2),参考《水泥标准稠度用水量、凝结时间、安定性检验方法》(GB/T 1346—2011),对锚固材料在不同水灰比条件下的初终凝时间进行测试。按照试验方案,对锚固材料进行搅拌,将浆液倒进模具内,然后将模具放入恒温恒湿养护箱内,一定时间后取出进行初终凝试验,如图 3-3 所示。

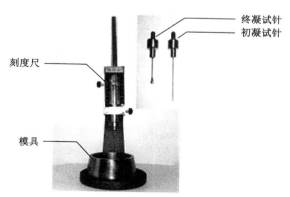

图 3-2　标准维卡仪

水灰比对锚固材料凝结时间的影响试验结果如表 3-6 所示,水灰比与锚固材料凝结时间的关系如图 3-4 所示。由图 3-4 和表 3-6 可知,锚固材料的初终凝时间随着水灰比的增加而增大,当水灰比为 0.4 时,锚固材料的初终凝时间分别为 5.32 min 和 10.61 min。并且通过试验可知,当水灰比为 0.4 时,锚固材料的和易性比较好,搅拌阻力小,可以满足工程施工的要求。

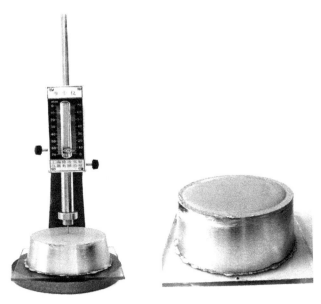

图 3-3　锚固材料的初终凝试验

表 3-6　水灰比对锚固材料凝结时间的影响试验结果

水灰比	凝结时间/min	
	初凝时间	终凝时间
0.40	5.32	10.61
0.42	11.78	17.89
0.46	15.17	27.17
0.48	18.68	36.21
0.50	23.76	49.23

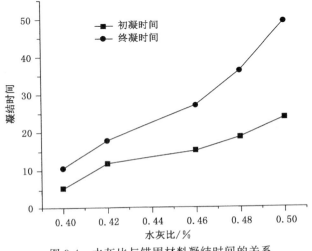

图 3-4　水灰比与锚固材料凝结时间的关系

3.2.2　水灰比对锚固材料力学性能影响试验结果

根据试验方案,对不同水灰比下的锚固材料固化体 1 d、3 d、7 d 和 28 d 的抗压抗折强度进行测试,每组试样设置 3 个相同标准试样,共计 120 个标准试样。标准试样的制作过程如图 3-5 所示,抗压抗折测试系统如图 3-6 所示。

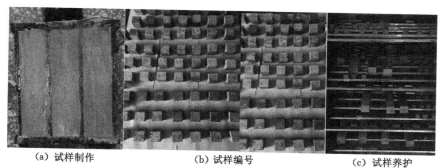

（a）试样制作　　　　　（b）试样编号　　　　　（c）试样养护

图 3-5　标准试样的制作过程

图 3-6　抗压抗折测试系统

表 3-7 和表 3-8 分别给出了随着水灰比的变化,锚固材料固化体在不同水灰比、不同养护时间条件下的单轴抗压强度和抗折强度;水灰比对锚固材料固化体单轴抗压强度的影响如图 3-7 所示,水灰比对锚固材料固化体抗折强度的影响如图 3-8 所示。从图 3-7 和图 3-8 可以看出,随着水灰比的增加,锚固材料固化体的抗压抗折强度逐渐减小;并且随着养护时间的增加,锚固材料固化体的早期强度增加迅速,后期强度增长缓慢。当水灰比为 0.4 时,

锚固材料固化体的 1 d 单轴抗压强度为 35.15 MPa,是 28 d 单轴抗压强度的62.19％;1 d 抗折强度为 6.25 MPa,是 28 d 抗折强度的70.15％。随着水灰比的增大,锚固材料固化体的强度减小,这是由于在高水灰比条件下,锚固材料固化体中的自由水多,随着水化反应的进行,这部分自由水逐渐消耗掉,在固化体中形成空隙或孔结构,锚固材料固化体密实度降低。

表 3-7　锚固材料固化体单轴抗压强度

水灰比	锚固材料固化体单轴抗压强度/MPa			
	1 d	3 d	7 d	28 d
0.40	35.15	48.7	54.23	56.52
0.42	28.33	42.8	47.64	51.87
0.44	25.31	33.12	38.7	42.29
0.46	20.56	27.42	32.1	35.27
0.50	14.23	18.14	21.23	24.12

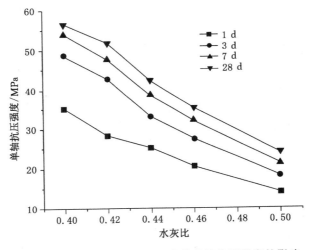

图 3-7　水灰比对锚固材料固化体单轴抗压强度的影响

表 3-8　锚固材料固化体抗折强度

水灰比	锚固材料固化体抗折强度/MPa			
	1 d	3 d	7 d	28 d
0.40	6.25	7.84	8.51	8.91
0.42	5.62	6.73	7.24	7.78
0.44	5.14	5.89	6.57	7.01
0.46	4.56	5.31	5.97	6.34
0.50	3.45	4.25	4.82	5.34

　　图 3-9 为试样单轴抗压、抗折试验过程。在试样脱模过程中发现其表面有一些孔洞,并

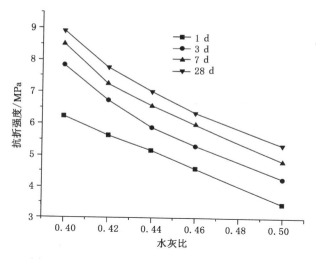

图 3-8 水灰比对锚固材料固化体抗折强度的影响

（a）单轴抗压试验

（b）单轴抗压试验试样破坏后形态

（c）抗折试验

（d）抗折试验试样破坏后形态

图 3-9 试样单轴抗压、抗折试验

且孔洞大小不均。通过多组试验对比分析得出,锚固材料加水搅拌过程产生气泡,待试样凝固拆模后形成气泡孔;另外,在模具表面涂刷润滑油,在锚固浆液注入磨具后试样与模具接触面产生油泡,待试样拆模后遗留下油泡孔,从而导致试样表面形成坑坑洼洼的孔洞。由图 3-9(b)所示单轴抗压试验试样破坏后形态可知,材料脆性较大,破坏比较彻底;在试验过程中可以发现试样破坏过程中裂纹发展速度快,且在试样破坏的瞬间能听到试样破坏的声音,试样碎块从实验机上蹦出,这表明试样脆性较大。同时,由图 3-9(b)可以看出,试样的破坏裂纹主要在试样的边界部位扩展,直至贯穿整个试样,且试样的破坏裂纹扩展方向均平行于加载方向。由图 3-9(d)所示抗折试验试样破坏后的横截面可以发现,锚固材料固化体在养护成型的过程中由于重力作用发生了严重的分层离析现象,主要体现在固化体上部主要成分为净浆,下部主要为骨料,从而严重影响了锚固材料固化体抗压抗折强度。

3.3 单一掺量外加剂对锚固材料强度的影响

在 3.2 节中对锚固材料的性能进行了试验测试,试验结果表明在水灰比为 0.4 时,锚固材料的抗压抗折强度最高,且锚固材料凝结时间可以满足现场要求;但是在试验过程中发现,锚固材料在凝固过程中容易出现分层离析现象,从而严重影响锚固材料固化体的强度。因此,本节主要通过添加外加剂对锚固材料进行改性研究,以期提高锚固材料固化体强度和密实度。李海龙等[91]通过试验发现,硅灰可以有效提高混凝土的抗压强度,促进水泥的水化。陈超等[92]通过试验发现,掺加适量硅灰可以缩短掺有无碱速凝剂水泥浆体的凝结时间,提高喷射混凝土的抗压强度,降低喷射混凝土的回弹率,同时可以促进水泥水化。高明等[93]通过掺加微硅粉和石英砂制备磷酸镁水泥砂浆,研究发现材料固化体早期强度随着硅灰的掺入呈现先增大后减小的现象。研究表明,矿粉可起到二次水化作用,消耗混凝土内部 $Ca(OH)_2$ 而生成水化硅酸钙(C-S-H)凝胶[94-96],从而进一步提高混凝土的性能。孙松等[97]通过矿粉掺量对胶粉轻骨料混凝土力学性能的影响研究发现,矿粉的掺入可以改善胶粉轻骨料混凝土的孔隙结构。因此,本节研究了硅灰、矿粉、偏高岭土和聚丙烯纤维素单一掺量对锚固材料性能的影响规律。

3.3.1 硅灰对锚固材料强度的影响

在水灰比为 0.4 的条件下,向锚固材料内添加质量百分比为 0、0.5%、1.5%、3%、5%的硅灰,混合均匀后加入一定量的水搅拌,然后将浆液倒入尺寸为 40 mm×40 mm×160 mm 的模具内,5 min 左右脱模并编号,放入标准恒温恒湿养护箱内养护,养护 3 d 和 7 d 后将试样取出,对试样的抗压抗折强度进行测试,测试结果如图 3-10 所示。

由图 3-10 可明显看出,锚固材料固化体的抗压抗折强度随着硅灰掺量的增加先增大后减小,当硅灰掺量为 1.5%时,锚固材料固化体抗压抗折强度达到最大。相比硅灰掺量为零时,硅灰掺量为 1.5%时的锚固材料固化体 3 d 单轴抗压强度增加了 4.97%,3 d 抗折强度增加了 9.18%;7 d 单轴抗压强度增长了 4.86%,7 d 抗折强度增加了 7.40%。当硅灰掺量为1.5%时,锚固材料固化体 3 d 单轴抗压强度是 7 d 单轴抗压强度的 89.89%,3 d 抗折强度是7 d 抗折强度的 93.65%。硅灰的作用机理是,硅灰的比表面积较大,其填充作用可以减少锚固材料固化体内部的孔隙,使固化体更加密实;并且硅灰可以增强骨料与水泥之间界面区

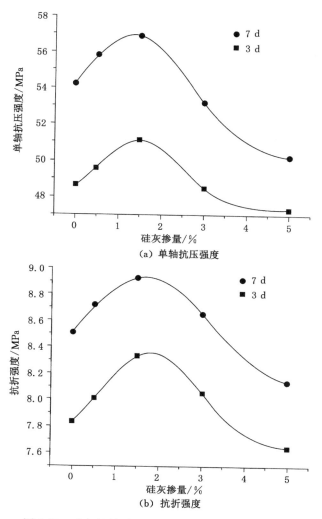

图 3-10 硅灰掺量对锚固材料固化体强度的影响曲线

的强度,因此可以提高锚固材料固化体的强度。

锚固材料水化产物中存在大量的 $Ca(OH)_2$,$Ca(OH)_2$ 易溶解,因此会影响锚固材料固化体的强度。硅灰具有很强的火山灰效应,硅灰成分中含有大量的活性 SiO_2,在有水存在时可以与 $Ca(OH)_2$ 发生二次反应生成水化硅酸钙凝胶,水化硅酸钙凝胶可以填充材料结构,改善锚固材料固化体微观结构,增强锚固材料固化体的强度。

对养护时间为 3 d 和 7 d 时的锚固材料固化体的抗压抗折强度与硅灰掺量的关系进行了拟合,拟合结果如下。

锚固材料固化体 3 d 单轴抗压强度与硅灰掺量之间关系的拟合公式为:

$$y = 47.328\,73 + \{9.395\,57/[1.995\,51 \times \mathrm{sqrt}(\pi/2)]\} \cdot \exp\{-2 \times [(x-1.472\,72)/1.995\,51]^2\}$$

$$(3\text{-}1)$$

相关系数 $R = 0.998\,46$,这说明该高斯函数能够表示锚固材料固化体 3 d 单轴抗压强度与硅灰掺量之间的关系。

锚固材料固化体 7 d 单轴抗压强度与硅灰掺量之间关系的拟合公式为：

$$y = 50.087 + \{22.947\ 63/[2.661\ 63 \times \text{sqrt}(\pi/2)]\} \cdot \exp\{-2 \times [(x - 1.321\ 92)/2.661\ 63]^2\}$$

$$(3\text{-}2)$$

相关系数 $R = 0.997\ 97$，这说明该高斯函数能够表示锚固材料固化体 7 d 单轴抗压强度与硅灰掺量之间的关系。

锚固材料固化体 3 d 抗折强度与硅灰掺量之间关系的拟合公式为：

$$y = 7.624 + \{2.1/[2.3 \times \text{sqrt}(\pi/2)]\} \cdot \exp\{-2 \times [(x - 1.8)/2.3]^2\} \qquad (3\text{-}3)$$

相关系数 $R = 1$，这说明该高斯函数能够表示锚固材料固化体 3 d 抗折强度与硅灰掺量之间的关系。

锚固材料固化体 7 d 抗折强度与硅灰掺量之间关系的拟合公式为：

$$y = 8.068 + \{3.21/[2.96 \times \text{sqrt}(\pi/2)]\} \cdot \exp\{-2 \times [(x - 1.67)/2.96]^2\} \qquad (3\text{-}4)$$

相关系数 $R = 0.998\ 99$，这说明该高斯函数能够表示锚固材料固化体 7 d 抗折强度与硅灰掺量之间的关系。

3.3.2 矿粉对锚固材料强度的影响

在水灰比为 0.4 的条件下，向锚固材料内添加质量百分比为 0、0.5%、1%、2%、3% 的矿粉，混合均匀后加入一定量的水搅拌，然后将浆液倒入尺寸为 40 mm×40 mm×40 mm 的模具内，5 min 左右脱模并编号，放入标准恒温恒湿养护箱内养护，养护 3 d 和 7 d 后将试样取出，对其抗压抗折强度进行测试，测试结果如图 3-11 所示。

由图 3-11 可知，锚固材料固化体的抗压抗折强度随矿粉掺量的增加呈先增大后减小并逐渐趋于稳定的趋势，当矿粉掺量为 0.5% 时，锚固材料固化体的 3 d 单轴抗压强度、3 d 抗折强度分别为 49.46 MPa 和 8.45 MPa，7 d 单轴抗压强度、7 d 抗折强度分别为 56.75 MPa 和 8.98 MPa。由此可看出，锚固材料固化体强度的初期增长速率较大，3 d 单轴抗压强度、3 d 抗折强度分别为 7 d 时的 87.15% 和 94.10%。矿粉具有很强的火山灰效应，可以与锚固材料水化产生的不稳定成分 $Ca(OH)_2$ 再次反应，生成水化硅酸钙凝胶，从而使锚固材料固化体结构更加密实，强度得以提高；但是随着矿粉掺量的增加，锚固材料固化体强度降低，这是因为矿粉添加量过大，致使锚固材料水化产物减少，不足以激活矿粉的火山灰效应。

对养护时间为 3 d 和 7 d 时的锚固材料固化体的抗压抗折强度与矿粉掺量的关系进行了拟合，拟合结果如下。

锚固材料固化体 3 d 单轴抗压强度与矿粉掺量之间关系的拟合公式为：

$$y = 46.621\ 84 + \{3.089\ 65/[0.845\ 14 \times \text{sqrt}(\pi/2)]\} \cdot \exp\{-2 \times [(x - 0.595\ 06)/0.845\ 14]^2\}$$

$$(3\text{-}5)$$

相关系数 $R = 0.997\ 42$，这说明该高斯函数能够表示锚固材料固化体 3 d 单轴抗压强度与矿粉掺量之间的关系。

锚固材料固化体 7 d 单轴抗压强度与矿粉掺量之间关系的拟合公式为：

$$y = 55.272\ 92 + \{4.427\ 50/[0.854\ 15 \times \text{sqrt}(\pi/2)]\} \cdot \exp\{-2 \times [(x - 0.606\ 01)/0.854\ 15]^2\}$$

$$(3\text{-}6)$$

相关系数 $R = 0.994\ 65$，这说明该高斯函数能够表示锚固材料固化体 7 d 单轴抗压强度

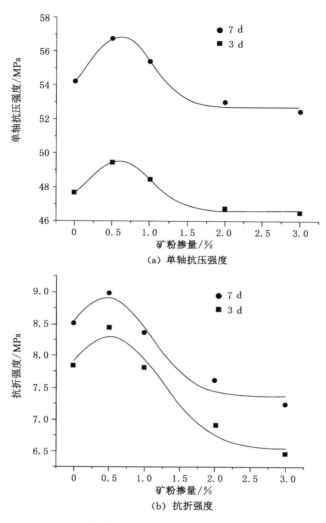

图 3-11　矿粉掺量对锚固材料固化体强度的影响曲线

与矿粉掺量之间的关系。

锚固材料固化体 3 d 抗折强度与矿粉掺量之间关系的拟合公式为：

$$y = 6.216\,9 + \{2.926\,53/[1.035 \times \mathrm{sqrt}(\pi/2)]\} \cdot \exp\{-2 \times [(x - 0.418\,76)/1.035]^2\}$$

$$(3-7)$$

相关系数 $R = 0.984\,64$，这说明该高斯函数能够表示锚固材料固化体 3 d 抗折强度与矿粉掺量之间的关系。

锚固材料固化体 7 d 抗折强度与矿粉掺量之间关系的拟合公式为：

$$y = 7.373\,63 + \{2.411\,51/[1.246\,81 \times \mathrm{sqrt}(\pi/2)]\} \cdot \exp\{-2 \times [(x - 0.464\,79)/1.246\,81]^2\}$$

$$(3-8)$$

相关系数 $R = 0.985\,25$，这说明该高斯函数能够表示锚固材料固化体 7 d 抗折强度与矿粉掺量之间的关系。

3.3.3 偏高岭土对锚固材料强度的影响

在水灰比为 0.4 的条件下,向锚固材料内分别添加质量百分比为 0、2％、8％、10％、15％的偏高岭土,混合均匀后加入一定量的水搅拌,然后将浆液倒入尺寸为 40 mm×40 mm×40 mm 的模具内,5 min 左右脱模并编号,放入标准恒温恒湿养护箱内养护,养护 3 d 和 7 d 后将试样取出,测试其抗压抗折强度,测试结果如图 3-12 所示。

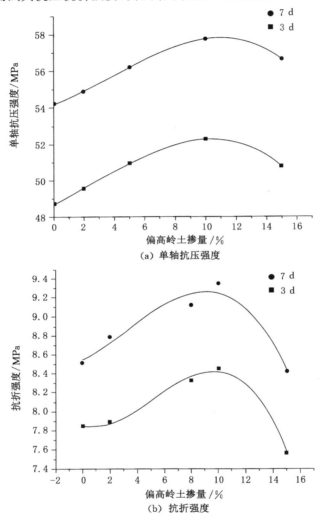

图 3-12 偏高岭土掺量对锚固材料固化体强度的影响曲线

由图 3-12 可知,锚固材料固化体的抗压抗折强度随着偏高岭土掺量的增加先增大后减小。这是由于偏高岭土内含有的大量活性 SiO_2 和 Al_2O_3 可以与锚固材料水化产物 $Ca(OH)_2$ 发生二次反应,生成水化硅酸钙和水化铝酸钙(A-S-H)凝胶,从而可以增强锚固材料固化体的强度,并且偏高岭土具有微集料的作用,可以充填锚固材料固化体内部孔隙,使锚固材料固化体更加密实,结构更加稳定;但是偏高岭土的掺量过多,会导致大量的锚固材料被代替,就会引起锚固材料固化体的强度降低。

对养护时间为 3 d 和 7 d 时的锚固材料固化体的抗压抗折强度与偏高岭土掺量的关系进行了拟合,拟合结果如下。

锚固材料固化体 3 d 单轴抗压强度与偏高岭土掺量之间关系的拟合公式为:

$$y = 48.474\ 59 + 0.718\ 96x - 0.037\ 2x^2 \tag{3-9}$$

相关系数 $R = 0.984\ 01$,这说明锚固材料固化体 3 d 单轴抗压强度与偏高岭土掺量之间有良好的拟合关系。

锚固材料固化体 7 d 单轴抗压强度与偏高岭土掺量之间关系的拟合公式为:

$$y = 53.976\ 04 + 0.648\ 8x - 0.030\ 8x^2 \tag{3-10}$$

相关系数 $R = 0.979\ 17$,这说明锚固材料固化体 7 d 单轴抗压强度与偏高岭土掺量之间有良好的拟合关系。

锚固材料固化体 3 d 抗折强度与偏高岭土掺量之间关系的拟合公式为:

$$y = 7.851\ 68 - 0.036\ 7x + 0.025\ 57x^2 - 0.001\ 63x^3 \tag{3-11}$$

相关系数 $R = 0.996\ 61$,这说明锚固材料固化体 3 d 抗折强度与偏高岭土掺量之间有良好的拟合关系。

锚固材料固化体 7 d 抗折强度与矿粉掺量之间关系的拟合公式为:

$$y = 8.542\ 45 + 0.071\ 52x + 0.010\ 07x^2 - 0.001\ 02x^3 \tag{3-12}$$

相关系数 $R = 0.977\ 07$,这说明锚固材料固化体 7 d 抗折强度与偏高岭土掺量之间有良好的拟合关系。

3.3.4　聚丙烯纤维素对锚固材料强度的影响

在水灰比为 0.4 的条件下,在锚固材料内分别添加质量百分比为 0、0.02%、0.05%、0.15%、0.3%的聚丙烯纤维素,混合均匀后加入一定量的水搅拌,然后将浆液倒入尺寸为 40 mm×40 mm×40 mm 的模具内,5 min 左右脱模并编号,放入标准恒温恒湿养护箱内养护,养护 3 d 和 7 d 后将试样取出,测试其抗压抗折强度,测试结果如图 3-13 所示。

由图 3-13 可知,当聚丙烯纤维素掺量小于 0.05% 时,锚固材料固化体强度随聚丙烯纤维素掺量的增加而增大,这是因为适量的聚丙烯纤维素可以填充材料内部物理变化或者化学反应留下的孔隙,并且聚丙烯纤维素具有较强的韧性,能在锚固材料固化体中充当骨架,当锚固材料固化体受压时,聚丙烯纤维素可以减缓固化体裂隙发育的速度和吸收一定的能量;而当聚丙烯纤维素掺量大于 0.05% 时,锚固材料固化体的强度随着聚丙烯纤维素掺量的增加而减小,这是由于当聚丙烯纤维素掺量过大时,聚丙烯纤维素和锚固材料之间很难混合均匀,聚丙烯纤维素互相缠绕成团,从而导致锚固材料固化体内部出现大量的孔隙和聚丙烯纤维素成团孔洞,进而引起锚固材料固化体的强度降低。

对养护时间为 3 d 和 7 d 时的锚固材料固化体的抗压抗折强度与聚丙烯纤维素掺量的关系进行了拟合,拟合结果如下。

锚固材料固化体 3 d 单轴抗压强度与聚丙烯纤维素掺量之间关系的拟合公式为:

$$y = 42.766\ 68 + \{1.655\ 91/[0.130\ 42 \times \mathrm{sqrt}(\pi/2)]\} \cdot \exp\{-2 \times [(x - 0.068\ 79)/0.130\ 42]^2\}$$

$$\tag{3-13}$$

相关系数 $R = 0.999\ 48$,这说明该高斯函数能够表示锚固材料固化体 3 d 单轴抗压强度

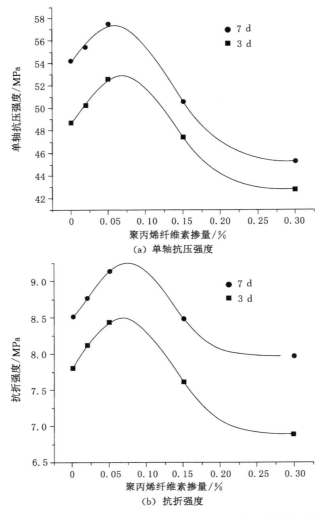

图 3-13　聚丙烯纤维素掺量对锚固材料固化体强度的影响曲线

与聚丙烯纤维素掺量之间的关系。

锚固材料固化体 7 d 单轴抗压强度与聚丙烯纤维素掺量之间关系的拟合公式为：

$$y = 45.237\,64 + \{2.187\,69/[0.144\,22 \times \mathrm{sqrt}(\pi/2)]\} \cdot \exp\{-2 \times [(x - 0.057\,86)/0.144\,22]^2\}$$

(3-14)

相关系数 $R = 0.998\,91$，这说明该高斯函数能够表示锚固材料固化体 7 d 单轴抗压强度与聚丙烯纤维素掺量之间的关系。

锚固材料固化体 3 d 抗折强度与聚丙烯纤维素掺量之间关系的拟合公式为：

$$y = 6.889\,02 + \{0.258\,88/[0.130\,85 \times \mathrm{sqrt}(\pi/2)]\} \cdot \exp\{-2 \times [(x - 0.069\,14)/0.130\,85]^2\}$$

(3-15)

相关系数 $R = 0.996\,92$，这说明该高斯函数能够表示锚固材料固化体 3 d 抗折强度与聚丙烯纤维素掺量之间的关系。

锚固材料固化体 7 d 抗折强度与聚丙烯纤维素掺量之间关系的拟合公式为：

$$y = 7.636\ 14 + \{0.265\ 13/[0.132\ 66 \times \text{sqrt}(\pi/2)]\} \cdot \exp\{-2 \times [(x - 0.073\ 86)/0.132\ 66]^2\}$$

$$(3\text{-}16)$$

相关系数 $R = 0.999\ 64$，这说明该高斯函数能够表示锚固材料固化体 7 d 抗折强度与聚丙烯纤维素掺量之间的关系。

3.4　巷道底板小孔径预应力锚索锚固材料优化试验研究

3.4.1　锚固材料正交优化试验设计

正交试验是解决多因素试验问题的卓有成效的方法。正交表是正交设计的基础，它是根据均衡分散的思想，运用组合数学理论在拉丁方和正交拉丁方的基础上构造的表格[98]。

本节以硅灰、矿粉、偏高岭土以及聚丙烯纤维素为添加剂，以一种无机锚固材料为基础材料进行正交试验，设计 4 个水平，4 个因素（A：硅灰，B：矿粉，C：偏高岭土，D：聚丙烯纤维素），另外设置一组空白组，如表 3-9 所示；在水灰比为 0.4 的条件下，以锚固材料固化体不同养护时间的单轴抗压强度和体积膨胀率为指标，设计 L16(45) 正交试验。

采用 SPSS 数据分析软件处理正交试验结果，正交试验结果如表 3-10 所示。

表 3-9　正交因素水平

水平	因　素				
	A(硅灰,%)	B(矿粉,%)	C(偏高岭土,%)	D(聚丙烯纤维素,%)	E(空白列)
1	0.2	0.1	0.5	0.05	0
2	0.5	0.5	3	0.1	0
3	1.5	1	7	0.15	0
4	3	2	12	0.3	0

表 3-10　正交试验结果

编号	因　素					检测指标			
	A (硅灰,%)	B (矿粉,%)	C(偏高岭土,%)	D(聚丙烯纤维素,%)	E(空白列)	3 d 单轴抗压强度/MPa	7 d 单轴抗压强度/MPa	3 d 体积膨胀率/%	7 d 体积膨胀率/%
F_1	1(0.2)	1(0.1)	1(0.5)	1(0.05)	1(0)	45.12	53.31	1.92	2.52
F_2	1(0.2)	2(0.5)	2(3)	2(0.1)	2(0)	48.54	56.78	2.12	2.67
F_3	1(0.2)	3(1)	3(7)	3(0.15)	3(0)	51.14	57.89	2.34	2.95
F_4	1(0.2)	4(2)	4(12)	4(0.3)	4(0)	54.34	61.34	2.54	3.01
F_5	2(0.5)	1(0.1)	2(3)	3(0.15)	4(0)	56.46	58.71	2.36	2.57
F_6	2(0.5)	2(0.5)	1(0.5)	4(0.3)	3(0)	51.45	57.78	3.65	3.92
F_7	2(0.5)	3(1)	4(12)	1(0.05)	2(0)	60.21	65.21	3.10	3.71
F_8	2(0.5)	4(2)	3(7)	2(0.1)	1(0)	56.12	61.57	2.34	3.35
F_9	3(1.5)	1(0.1)	3(7)	4(0.3)	2(0)	58.25	62.67	3.29	3.61
F_{10}	3(1.5)	2(0.5)	4(12)	3(0.15)	1(0)	60.24	65.14	2.40	3.30

表 3-10(续)

编号	因　素					检测指标			
	A（硅灰，%）	B（矿粉，%）	C（偏高岭土，%）	D（聚丙烯纤维素，%）	E（空白列）	3 d 单轴抗压强度/MPa	7 d 单轴抗压强度/MPa	3 d 体积膨胀率/%	7 d 体积膨胀率/%
F₁₁	3(1.5)	3(1)	1(0.5)	2(0.1)	4(0)	52.12	58.13	2.60	3.23
F₁₂	3(1.5)	4(2)	2(3)	1(0.05)	3(0)	56.87	61.24	2.45	3.17
F₁₃	4(3)	1(0.1)	4(12)	2(0.1)	3(0)	61.54	65.42	2.57	3.10
F₁₄	4(3)	2(0.5)	3(7)	1(0.05)	4(0)	58.12	62.29	1.95	2.26
F₁₅	4(3)	3(1)	2(3)	4(0.3)	1(0)	54.41	60.01	2.72	3.42
F₁₆	4(3)	4(2)	1(0.5)	3(0.15)	2(0)	49.52	58.24	2.65	2.97

3.4.2　各因素对锚固材料固化体 3 d 单轴抗压强度影响显著性分析

根据表 3-10 所示正交试验结果，计算出各因素下 3 d 单轴抗压强度的极差和均值，如表 3-11 和表 3-12 所示。

表 3-11　各因素下 3 d 单轴抗压强度极差分析结果

极差因素	A（硅灰）	B（矿粉）	C（偏高岭土）	D（聚丙烯纤维素）
K_1(MPa)	199.14	221.37	198.21	220.32
K_2(MPa)	224.24	218.35	216.28	218.32
K_3(MPa)	227.48	217.88	223.63	217.36
K_4(MPa)	223.59	216.85	236.33	218.45
R（极值）	28.34	4.52	38.12	2.96

表 3-12　各因素下 3 d 单轴抗压强度均值

均值因素	A（硅灰）	B（矿粉）	C（偏高岭土）	D（聚丙烯纤维素）
$\overline{K}_1$(MPa)	49.79	55.34	49.55	55.08
$\overline{K}_2$(MPa)	56.06	54.59	54.07	54.58
$\overline{K}_3$(MPa)	56.87	54.47	55.91	54.34
$\overline{K}_4$(MPa)	55.90	54.21	59.08	54.61

由表 3-11 所示极差分析结果可知，硅灰、矿粉、偏高岭土、聚丙烯纤维素对锚固材料固化体 3 d 单轴抗压强度的影响顺序为：偏高岭土＞硅灰＞矿粉＞聚丙烯纤维素。图 3-14 为锚固材料固化体 3 d 单轴抗压强度均值随各因素掺量变化情况。由图 3-14 可以看出，锚固材料固化体 3 d 单轴抗压强度随着偏高岭土掺量的增加而增大，随着硅灰掺量的增加先增大后减小，随着矿粉掺量的增加有减小的趋势，随着聚丙烯纤维素掺量的增加先减小后稍有增大。

为了分析试验误差对试验结果的影响，对正交试验结果进行了方差分析，并设置空白列作为误差分析项，如表 3-13 所示。

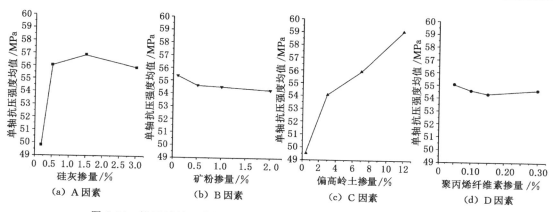

图 3-14 锚固材料固化体 3 d 单轴抗压强度均值随各因素掺量变化情况

表 3-13 各因素下 3 d 单轴抗压强度方差分析结果

差异源	偏差平方和	自由度	均方	F 比值	P 值	显著性
A(硅灰)	128.56	3	42.85	21.99	0.015	显著
B(矿粉)	2.83	3	0.94	0.48	0.717	
C(偏高岭土)	190.20	3	63.40	32.54	0.009	显著
D(聚丙烯纤维素)	1.15	3	0.38	0.20	0.893	
E(空白列)	5.846	3	1.95			
总和	328.586	15				

由表 3-13 可知,C 因素(偏高岭土)的 P 值为 0.009,A 因素(硅灰)的 P 值为 0.015,均小于 0.05,因此,C 因素(偏高岭土)和 A 因素(硅灰)对锚固材料固化体 3 d 单轴抗压强度的影响具有显著性;B 因素(矿粉)的 P 值为 0.717,D 因素(聚丙烯纤维素)的 P 值为 0.893,均大于 0.05,因此,B 因素(矿粉)和 D 因素(聚丙烯纤维素)对锚固材料固化体 3 d 单轴抗压强度的影响无显著性。通过比较可知,$P_C < P_A < P_B < P_D$,4 种因素对锚固材料固化体 3 d 单轴抗压强度影响的大小顺序为:C(偏高岭土)>A(硅灰)>B(矿粉)>D(聚丙烯纤维素)。

表 3-14 至表 3-17 为各因素下 3 d 单轴抗压强度的 Duncan 多重比较情况。

表 3-14 A 因素对锚固材料固化体 3 d 单轴抗压强度影响的 Duncan 多重比较结果

水平	个案数	子集	
		1	2
1	4	49.785	
4	4		55.897 5
2	4		56.060
3	4		56.870
显著性		1.000	0.395

表 3-15　B 因素对锚固材料固化体 3 d 单轴抗压强度影响的 Duncan 多重比较情况

水平	个案数	子集
		1
4	4	54.213
3	4	54.470
2	4	54.588
1	4	55.342
显著性		0.325

表 3-16　C 因素对锚固材料固化体 3 d 单轴抗压强度影响的 Duncan 多重比较情况

水平	个案数	子集		
		1	2	3
1	4	49.553		
2	4		54.070	
3	4		55.908	
4	4			59.083
显著性		1.000	0.160	1.000

表 3-17　D 因素对锚固材料固化体 3 d 单轴抗压强度影响的 Duncan 多重比较情况

水平	个案数	子集
		1
3	4	54.340
2	4	54.580
4	4	54.613
1	4	55.080
显著性		0.496

　　由表 3-14 所示 A 因素下 3 d 单轴抗压强度的 Duncan 多重比较情况可知,A 因素 4 个水平中,第一水平(即硅灰掺量为 0.2%)对锚固材料固化体 3 d 单轴抗压强度影响较小,第二水平、第三水平、第四水平对锚固材料固化体 3 d 单轴抗压强度的影响显著性差别不大,其中,A 因素第三水平对锚固材料固化体 3 d 单轴抗压强度影响的显著性最大,因此,A 因素选择第三水平,即硅灰掺量为 1.5% 时对锚固材料固化体 3 d 单轴抗压强度的影响最大;由表 3-15 可知,B 因素 4 个水平对锚固材料固化体 3 d 单轴抗压强度影响的显著性差别不大,其中,第一水平效果最好,即矿粉掺量为 0.1% 时对锚固材料固化体 3 d 单轴抗压强度的影响最大;由表 3-16 可知,C 因素第一水平对锚固材料固化体 3 d 单轴抗压强度的影响最小,第四水平对锚固材料固化体 3 d 单轴抗压强度影响的显著性最大,而第二和第三水平对锚固材料固化体 3 d 单轴抗压强度的影响显著性差别不大,因此,C 因素第四水平(即偏高岭土掺量为 12%)对锚固材料固化体 3 d 单轴抗压强度的影响最大;由表 3-17 可知,D 因素

4 个水平对锚固材料固化体 3 d 单轴抗压强度影响的显著性无明显差别,由对比可知,第一水平(即聚丙烯纤维素掺量为 0.05%)对锚固材料固化体 3 d 单轴抗压强度的影响最大。通过以上分析可知,对锚固材料固化体 3 d 单轴抗压强度影响效果最佳的正交组合为 $A_3B_1C_4D_1$,即硅灰掺量为 0.2%、矿粉掺量为 0.1%、偏高岭土掺量为 12%、聚丙烯纤维素掺量为 0.05% 时,对锚固材料固化体 3 d 单轴抗压强度的影响效果最好。

3.4.3 各因素对锚固材料固化体 7 d 单轴抗压强度影响显著性分析

各因素下 7 d 单轴抗压强度极差分析结果如表 3-18 所示,各因素下 7 d 单轴抗压强度均值变化情况如表 3-19 所示,各因素下 7 d 单轴抗压强度均值随各因素掺量变化情况如图 3-15 所示。

表 3-18 各因素下 7 d 单轴抗压强度极差分析结果

极差因素	A(硅灰)	B(矿粉)	C(偏高岭土)	D(聚丙烯纤维素)
K_1(MPa)	229.32	240.11	227.46	242.05
K_2(MPa)	243.27	241.99	236.74	241.90
K_3(MPa)	247.18	241.24	244.42	239.98
K_4(MPa)	245.96	242.39	257.11	241.80
R(极值)	17.86	2.28	29.65	2.07

表 3-19 各因素下 7 d 单轴抗压强度均值

均值因素	A(硅灰)	B(矿粉)	C(偏高岭土)	D(聚丙烯纤维素)
$\bar{K}_1$(MPa)	57.33	60.03	56.87	60.51
$\bar{K}_2$(MPa)	60.82	60.50	59.19	60.48
$\bar{K}_3$(MPa)	61.80	60.31	61.11	60.00
$\bar{K}_4$(MPa)	61.49	60.60	64.28	60.45

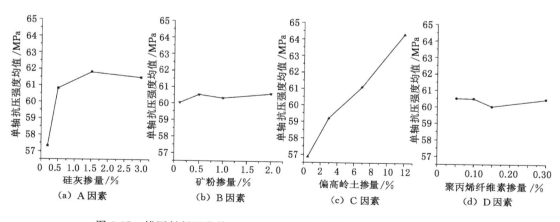

图 3-15 锚固材料固化体 7 d 单轴抗压强度均值随各因素掺量变化情况

由表 3-18 可知,硅灰、矿粉、偏高岭土以及聚丙烯纤维素对锚固材料固化体 7 d 单轴抗压强度影响的大小顺序为:偏高岭土＞硅灰＞矿粉＞聚丙烯纤维素。由图 3-15 可以看出,锚固材料固化体 7 d 单轴抗压强度随着偏高岭土掺量的增加而增大,随着硅灰掺量的增加先增大后减小,随着矿粉掺量的增加先增大后减小再有所增大,随着聚丙烯纤维素掺量的增加变化不大。

为了分析试验误差对试验结果的影响,对正交试验结果进行了方差分析,并设置空白列作为误差分析项,如表 3-20 所示。

表 3-20　各因素下 7 d 单轴抗压强度方差分析结果

差异源	偏差平方和	自由度	均方	F 比值	P 值	显著性
A(硅灰)	50.905	3	16.968	34.792	0.008	显著
B(矿粉)	0.753	3	0.251	0.515	0.700	
C(偏高岭土)	117.990	3	39.330	80.643	0.002	显著
D(聚丙烯纤维素)	0.711	3	0.237	0.486	0.716	
E(空白列)	1.463	3	0.488			
总和	171.822	15				

由表 3-20 可知,C 因素(偏高岭土)的 P 值为 0.002,A 因素(硅灰)的 P 值为 0.008,均小于 0.05,因此,C 因素(偏高岭土)和 A 因素(硅灰)对锚固材料固化体 7 d 单轴抗压强度的影响具有显著性;B 因素(矿粉)的 P 值为 0.700,D 因素(聚丙烯纤维素)的 P 值为 0.716,均大于 0.05,因此,B 因素(矿粉)和 D 因素(聚丙烯纤维素)对锚固材料固化体 7 d 单轴抗压强度的影响无显著性。通过比较可知,$P_C < P_A < P_B < P_D$,4 种因素对锚固材料固化体 7 d 单轴抗压强度影响的大小顺序为:C(偏高岭土)＞A(硅灰)＞B(矿粉)＞D(聚丙烯纤维素)。

表 3-21 至表 3-24 为各因素下 7 d 单轴抗压强度的 Duncan 多重比较情况。

表 3-21　A 因素对锚固材料固化体 7 d 单轴抗压强度影响的 Duncan 多重比较情况

水平	个案数	子集	
		1	2
1	4	57.330	
2	4		60.818
4	4		61.490
3	4		61.795
显著性		1.000	0.142

表 3-22　B 因素对锚固材料固化体 7 d 单轴抗压强度影响的 Duncan 多重比较情况

水平	个案数	子集
		1
1	4	60.028
3	4	60.310
2	4	60.498
4	4	60.598
显著性		0.322

表 3-23　C 因素对锚固材料固化体 7 d 单轴抗压强度影响的 Duncan 多重比较情况

水平	个案数	子集			
		1	2	3	4
1	4	56.865			
2	4		59.185		
3	4			61.105	
4	4				64.278
显著性		1.000	1.000	1.000	1.000

表 3-24　D 因素对锚固材料固化体 7 d 单轴抗压强度影响的 Duncan 多重比较情况

水平	个案数	子集
		1
3	4	59.995
4	4	60.450
2	4	60.475
1	4	60.513
显著性		0.361

由表 3-21 可知,A 因素 4 个水平中,第一水平对锚固材料固化体 7 d 单轴抗压强度的影响较小,第二水平、第三水平、第四水平对锚固材料固化体 7 d 单轴抗压强度的影响差别不大,其中,A 因素第三水平对锚固材料固化体 7 d 单轴抗压强度影响的显著性最大,因此,A 因素选择第三水平,即硅灰掺量为 1.5% 时对锚固材料固化体 7 d 单轴抗压强度的影响最大;由表 3-22 可知,B 因素 4 个水平对锚固材料固化体 7 d 单轴抗压强度影响的差别不大,其中,第四水平效果最好,即矿粉掺量为 2% 时对锚固材料固化体 7 d 单轴抗压强度的影响最大;由表 3-23 可知,C 因素第一水平对锚固材料固化体 7 d 单轴抗压强度的影响最小,第四水平对锚固材料固化体 7 d 单轴抗压强度影响的显著性最大,因此,C 因素第四水平(即

偏高岭土掺量为 12％)对锚固材料固化体 7 d 单轴抗压强度的影响最大；由表 3-24 可知,D 因素 4 个水平对锚固材料固化体 7 d 单轴抗压强度的影响无明显差别,其中,第一水平(即聚丙烯纤维素掺量为 0.05％)对锚固材料固化体 7 d 单轴抗压强度的影响最大。通过以上分析可知,对锚固材料固化体 7 d 单轴抗压强度影响效果最佳的正交组合为 $A_3B_4C_4D_1$,即硅灰掺量为 1.5％、矿粉掺量为 2％、偏高岭土掺量为 12％、聚丙烯纤维素掺量为 0.05％时,对锚固材料固化体 7 d 单轴抗压强度的影响效果最好。

3.4.4 各因素对锚固材料固化体 3 d 体积膨胀率影响显著性分析

根据表 3-10 所示正交试验结果,计算出各因素条件下 3 d 体积膨胀率的极差和均值,如表 3-25 和表 3-26 所示。

表 3-25 各因素下 3 d 体积膨胀率极差分析结果

极差因素	A(硅灰)	B(矿粉)	C(偏高岭土)	D(聚丙烯纤维素)
K_1(％)	0.892	1.014	1.082	0.946
K_2(％)	1.146	1.012	0.965	0.962
K_3(％)	1.074	1.076	0.992	0.975
K_4(％)	0.988	0.998	1.061	1.220
R(极值)	0.254	0.078	0.117	0.274

表 3-26 各因素下 3 d 体积膨胀率均值

均值因素	A(硅灰)	B(矿粉)	C(偏高岭土)	D(聚丙烯纤维素)
$\overline{K}_1$(％)	0.223	0.253	0.271	0.235
$\overline{K}_2$(％)	0.286	0.253	0.241	0.241
$\overline{K}_3$(％)	0.269	0.269	0.248	0.244
$\overline{K}_4$(％)	0.247	0.250	0.265	0.305

由表 3-25 中的极差分析结果可知,硅灰极差值为 0.254、矿粉极差值为 0.078、偏高岭土极差值为 0.117、聚丙烯纤维素极差值为 0.274,因此,各因素对锚固材料固化体 3 d 体积膨胀率的影响大小顺序为:聚丙烯纤维素＞硅灰＞偏高岭土＞矿粉。

图 3-16 为锚固材料固化体 3 d 体积膨胀率均值随各因素掺量的变化曲线。由图 3-16 可以看出,锚固材料固化体 3 d 体积膨胀率随着硅灰掺量的增加先增大后减小;随着矿粉掺量的增加先增大后减小,并且变化量不大;随着偏高岭土掺量的增加先减小后增大;随着聚丙烯纤维素掺量的增加而增大,且增大速率在加快。

为了分析试验误差对试验结果的影响,对正交试验结果进行了方差分析,并设置空白列作为误差分析项,如表 3-27 所示。

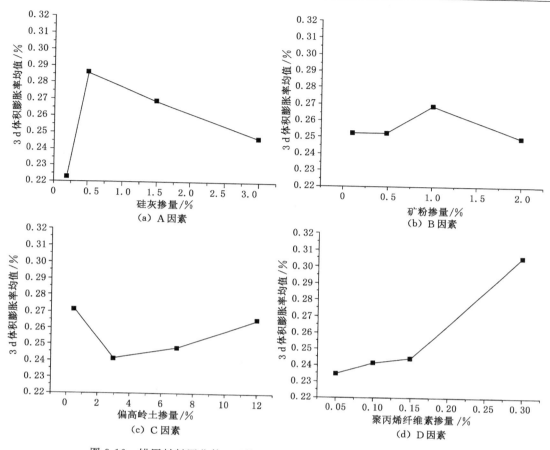

图 3-16　锚固材料固化体 3 d 体积膨胀率均值随各因素掺量的变化曲线

表 3-27　各因素下 3 d 体积膨胀率方差分析结果

差异源	偏差平方和	自由度	均方	F 比值	P 值	显著性
A(硅灰)	0.009 0	3	0.003 0	1.285 8	0.420 6	
B(矿粉)	0.000 9	3	0.000 3	0.127 8	0.937 5	
C(偏高岭土)	0.002 3	3	0.000 8	0.329 6	0.806 8	
D(聚丙烯纤维素)	0.012 8	3	0.004 3	1.833 5	0.315 5	
E(空白列)	0.007 0	3	0.002 3			
总和	0.032	15				

根据表 3-27 中的方差分析结果可知，P_A 值为 0.420 6、P_B 值为 0.937 5、P_C 值为 0.806 8、P_D 值为 0.315 5，均大于 0.05，因此，硅灰、矿粉、偏高岭土和聚丙烯纤维素对锚固材料固化体 3 d 体积膨胀率的影响均无显著性。

表 3-28 至表 3-31 为各因素下锚固材料固化体 3 d 体积膨胀率的 Duncan 多重比较情况。

表 3-28　A 因素对锚固材料固化体 3 d 体积膨胀率影响的 Duncan 多重比较情况

水平	个案数	子集
		1
1	4	0.223 0
4	4	0.247 0
3	4	0.268 5
2	4	0.286 4
显著性		0.155 8

表 3-29　B 因素对锚固材料固化体 3 d 体积膨胀率影响的 Duncan 多重比较情况

水平	个案数	子集
		1
4	4	0.249 5
2	4	0.253 0
1	4	0.253 4
3	4	0.268 9
显著性		0.599 4

表 3-30　C 因素对锚固材料固化体 3 d 体积膨胀率影响的 Duncan 多重比较情况

水平	个案数	子集
		1
2	4	0.241 3
3	4	0.247 9
4	4	0.265 2
1	4	0.270 5
显著性		0.443 3

表 3-31　D 因素对锚固材料固化体 3 d 体积膨胀率影响的 Duncan 多重比较情况

水平	个案数	子集
		1
1	4	0.235 4
2	4	0.240 6
3	4	0.243 9
4	4	0.305 0
显著性		0.130 6

由表 3-28 至表 3-31 可知,每种因素各水平对锚固材料固化体 3 d 体积膨胀率影响差别不大。因此,考虑各因素各水平对锚固材料固化体强度的影响关系,结合各因素对锚固材料

固化体 3 d 单轴抗压强度影响的分析结果,最佳组合选择为 $A_3B_1C_4D_1$。

3.4.5　各因素对锚固材料固化体 7 d 体积膨胀率影响显著性分析

根据表 3-10 所示正交试验结果,计算出各因素条件下 7 d 体积膨胀率的极差和均值,如表 3-32 和表 3-33 所示。

表 3-32　各因素下 7 d 体积膨胀率极差分析结果

极差因素	A(硅灰)	B(矿粉)	C(偏高岭土)	D(聚丙烯纤维素)
K_1(%)	0.864	1.023	1.064	0.987
K_2(%)	1.153	1.023	0.972	0.975
K_3(%)	1.062	1.064	0.987	0.983
K_4(%)	0.975	0.983	1.055	1.231
R(极值)	0.261	0.083	0.125	0.282

表 3-33　各因素下 7 d 体积膨胀率均值

均值因素	A(硅灰)	B(矿粉)	C(偏高岭土)	D(聚丙烯纤维素)
$\bar{K}_1$(%)	0.279	0.295	0.316	0.292
$\bar{K}_2$(%)	0.339	0.304	0.296	0.309
$\bar{K}_3$(%)	0.335	0.334	0.304	0.295
$\bar{K}_4$(%)	0.294	0.313	0.328	0.349

由表 3-32 所示极差分析结果可知,各因素对锚固材料固化体 7 d 体积膨胀率影响的大小顺序为:聚丙烯纤维素>硅灰>偏高岭土>矿粉。

图 3-17 为锚固材料固化体 7 d 体积膨胀率均值随各因素掺量的变化曲线。由图 3-17 可以看出,锚固材料固化体 7 d 体积膨胀率随着硅灰和矿粉掺量的增加先增大后减小,随着偏高岭土掺量的增加先减小后增大,随着聚丙烯纤维素掺量的增加先增大后减小再增大。

为了分析试验误差对试验结果的影响,对正交试验结果进行了方差分析,并设置空白列作为误差分析项,如表 3-34 所示。

表 3-34　各因素下 7 d 体积膨胀率方差分析结果

差异源	偏差平方和	自由度	均方	F 比值	P 值	显著性
A(硅灰)	0.010 3	3	0.003 4	1.551 5	0.363 5	
B(矿粉)	0.003 1	3	0.001 0	0.471 0	0.723 9	
C(偏高岭土)	0.002 4	3	0.000 8	0.354 1	0.791 7	
D(聚丙烯纤维素)	0.008 4	3	0.002 8	1.257 9	0.427 4	
E(空白列)	0.006 7	3	0.002 2			
总和	0.030 9	15				

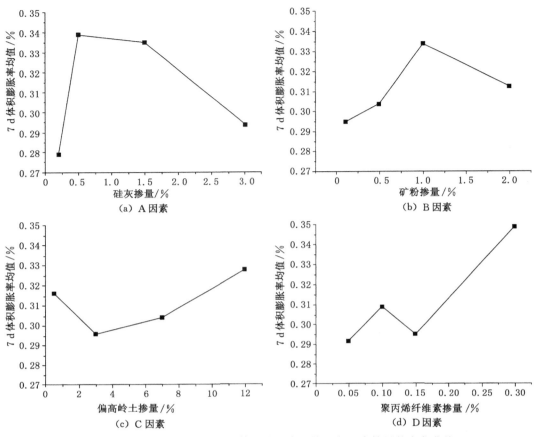

图 3-17　锚固材料固化体 7 d 体积膨胀率均值随各因素掺量的变化曲线

由表 3-34 可看出,硅灰、矿粉、偏高岭土、聚丙烯纤维素的 P 值分别为 0.363 5、0.723 9、0.791 7和0.427 4,均大于 0.05,因此,硅灰、矿粉、偏高岭土、聚丙烯纤维素对锚固材料固化体 7 d体积膨胀率的影响均无显著性;且通过对空白列的分析可知,误差对试验结果无影响。

由表 3-35 至表 3-38 可知,每种因素各水平对锚固材料固化体 7 d 体积膨胀率影响差别不大。因此,考虑各因素各水平对锚固材料固化体强度的影响关系,结合各因素对锚固材料固化体 7 d 单轴抗压强度影响的分析结果,最佳组合选择为 $A_3B_4C_4D_1$。

表 3-35　A 因素对锚固材料固化体 7 d 体积膨胀率影响的 Duncan 多重比较情况

水平	个案数	子集
		1
1	4	0.278 8
4	4	0.293 8
3	4	0.332 8
2	4	0.338 8
显著性		0.164 1

表 3-36 B 因素对锚固材料固化体 7 d 体积膨胀率影响的 Duncan 多重比较情况

水平	个案数	子集
		1
1	4	0.295 0
2	4	0.303 8
4	4	0.312 6
3	4	0.332 8
显著性		0.329 2

表 3-37 C 因素对锚固材料固化体 7 d 体积膨胀率影响的 Duncan 多重比较情况

水平	个案数	子集
		1
2	4	0.295 8
3	4	0.304 3
1	4	0.316 0
4	4	0.328 1
显著性		0.393 8

表 3-38 D 因素对锚固材料固化体 7 d 体积膨胀率影响的 Duncan 多重比较情况

水平	个案数	子集
		1
1	4	0.291 5
3	4	0.294 8
2	4	0.308 8
4	4	0.349 1
显著性		0.177 1

3.4.6 最佳方案试验分析

由表 3-10 所示正交试验结果的极差、方差和 Duncan 多重比较分析结果可知,对锚固材料固化体 3 d 单轴抗压强度和 3 d 体积膨胀率影响效果最好的方案组合为 $A_3 B_1 C_4 D_1$,对锚固材料固化体 7 d 单轴抗压强度和 7 d 体积膨胀率影响效果最好的方案组合为 $A_3 B_4 C_4 D_1$。由于这两组试验组合在正交试验表中未出现,因此需要对这两组试验进行验证,结果如表 3-39 所示。

表 3-39　最佳方案对比情况

养护时间	$A_3B_1C_4D_1$方案		$A_3B_4C_4D_1$方案	
	单轴抗压强度/MPa	体积膨胀率/%	单轴抗压强度/MPa	体积膨胀率/%
1 h	27.76	0.78	25.23	0.87
5 h	35.23	1.35	30.99	1.28
1 d	47.54	2.13	42.12	1.89
3 d	57.47	2.78	51.12	2.54
7 d	63.33	3.15	59.54	2.89
28 d	65.75	3.24	61.87	3.03

　　图 3-18 为锚固材料固化体单轴抗压强度随养护时间的变化曲线,图 3-19 为锚固材料固化体体积膨胀率随养护时间的变化曲线。由图 3-18 可明显看出,两种组合方案下锚固材料固化体单轴抗压强度随着养护时间的增加均呈现增大趋势,且增长速率逐渐减小;通过表 3-39可知,方案 $A_3B_1C_4D_1$ 锚固材料固化体 28 d 单轴抗压强度为 65.75 MPa,是方案 $A_3B_4C_4D_1$ 同等养护时间条件下的1.06 倍;方案 $A_3B_1C_4D_1$ 锚固材料固化体 1 h 单轴抗压强度可达 27.76 MPa,是 28 d 单轴抗压强度的 42.22%,1 d 单轴抗压强度为 47.54 MPa,是 28 d单轴抗压强度的 72.30%。由图 3-19 可知,锚固材料固化体体积均微膨胀,锚固材料固化体的膨胀性可增加锚固剂与钻孔围岩以及锚索之间的正应力,因此可有效增加锚固力;并且锚固材料固化体体积膨胀率随着养护时间的增加呈现增大的趋势。通过分析可知,试验方案 $A_3B_1C_4D_1$ 的效果更佳。

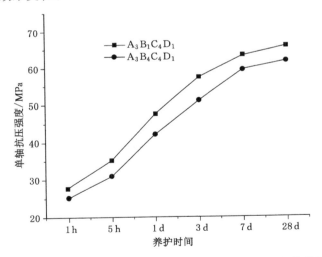

图 3-18　锚固材料固化体单轴抗压强度随养护时间的变化曲线

　　图 3-20 至图 3-22 分别为锚固材料固化体在养护时间为 1 h、3 d、7 d 时的单轴抗压强度-轴向应变曲线,由此比较分析可知,在单轴抗压强度峰值点前,在单轴抗压强度一定的情况下,$A_3B_1C_4D_1$ 方案锚固材料固化体的轴向应变小于 $A_3B_4C_4D_1$ 方案锚固材料固化体的轴向应变,并且随着轴向应变的增加,$A_3B_1C_4D_1$ 方案锚固材料固化体的单轴抗压强度增长速

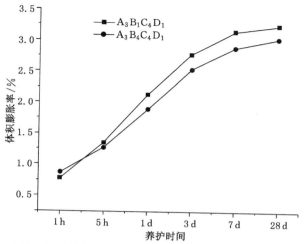

图 3-19　锚固材料固化体体积膨胀率随养护时间的变化曲线

率较快;在单轴抗压强度峰值点之后,在相同轴向应变条件下,$A_3B_1C_4D_1$ 方案锚固材料固化体的残余单轴抗压强度大于 $A_3B_4C_4D_1$ 方案锚固材料固化体的残余单轴抗压强度,并且随着轴向应变的增大,$A_3B_4C_4D_1$ 方案的残余单轴抗压强度衰减较快。通过分析可知,在锚固材料固化体养护 1 h 的条件下,当轴向应变为 0.01 时,$A_3B_1C_4D_1$ 方案锚固材料固化体的单轴抗压强度相对同等条件下 $A_3B_4C_4D_1$ 方案的增加了 8.91%;在锚固材料固化体养护 3 d 的条件下,当轴向应变为 0.01 时,$A_3B_1C_4D_1$ 方案锚固材料固化体的单轴抗压强度相对同等条件下 $A_3B_4C_4D_1$ 方案的增加了 87.71%;在锚固材料固化体养护 7 d 的条件下,当轴向应变为 0.01 时,$A_3B_1C_4D_1$ 方案锚固材料固化体的单轴抗压强度相对同等条件下 $A_3B_4C_4D_1$ 方案的增加了 33.15%。单轴抗压强度-轴向应变曲线图面积可以表示材料的韧性,由此可知 $A_3B_1C_4D_1$ 方案锚固材料固化体的韧性较好。通过分析可知,试验方案 $A_3B_1C_4D_1$ 的效果更佳,其锚固材料固化体的强度、膨胀性好并且韧性较好。

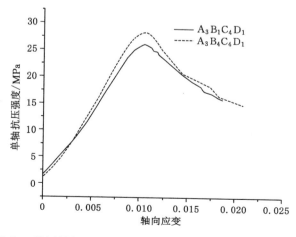

图 3-20　锚固材料固化体养护 1 h 单轴抗压强度-轴向应变曲线

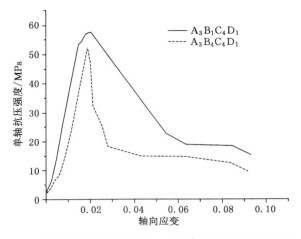

图 3-21 锚固材料固化体养护 3 d 单轴抗压强度-轴向应变曲线

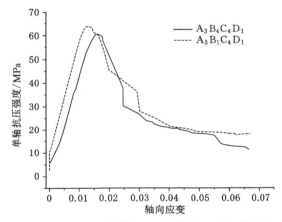

图 3-22 锚固材料固化体养护 7 d 单轴抗压强度-轴向应变曲线

3.5 优化后锚固材料性能试验研究

3.5.1 优化后锚固材料固化体单轴抗压强度试验研究

优化后锚固材料(即硅灰、矿粉、偏高岭土、聚丙烯纤维素掺量分别为 1.5％、0.1％、12％、0.05％)固化体单轴抗压强度与养护时间的关系如图 3-23 所示。随着养护时间的增加,锚固材料固化体单轴抗压强度先增加后趋于稳定;养护 1 h 锚固材料固化体单轴抗压强度均值为 27.76 MPa;养护 5 h 锚固材料固化体单轴抗压强度均值为 35.23 MPa,相较养护 1 h 时的增加了 26.91％;养护 3 d 锚固材料固化体单轴抗压强度均值为 57.47 MPa,相较养护 5 h 时的增加了 63.13％;养护 7 d 锚固材料固化体单轴抗压强度为 63.33 MPa,是养护 28 d锚固材料固化体单轴抗压强度的 96.32％。可以看出,锚固材料固化体单轴抗压强度增长速率随着养护时间的增加先增大后逐渐减小,初期单轴抗压强度增长快,锚固材料固化体养护 7 d 单轴抗压强度可以达到养护 28 d 时的 96.32％。

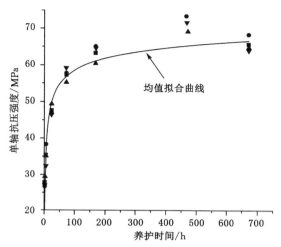

图 3-23　锚固材料固化体单轴抗压强度随养护时间的变化曲线

对锚固材料固化体单轴抗压强度与养护时间的关系进行拟合,可得:

$$p = 23.061\ 7\ln(2.765\ 2\ln t) \tag{3-17}$$

相关系数 $R = 0.985\ 97$,这说明该对数函数能够表征锚固材料固化体单轴抗压强度与养护时间的关系。

3.5.2　优化后锚固材料固化体体积膨胀率试验研究

锚固材料固化体体积膨胀率与养护时间的关系如图 3-24 所示。由图 3-24 可知,锚固材料固化体体积膨胀率随着养护时间的增加而增大。锚固材料固化体养护 1 h 的体积膨胀率为 0.78%,养护 5 h 的体积膨胀率为 1.35%,即锚固材料固化体体积膨胀率在 1～5 h 之间增加了 0.57%,锚固材料固化体体积膨胀率增长速率为 0.142 5%/h;1～3 d 锚固材料固化体体积膨胀率增长速率为 0.013 5%/h;锚固材料固化体养护 7 d 的体积膨胀率为 3.15%,3～7 d 锚固材料固化体体积膨胀率增长速率为 0.004 17%/h;锚固材料固化体养护 28 d 的体积膨胀率为 3.24%,7～28 d 锚固材料固化体体积膨胀率增长速率为 0.000 178 6%/h。由此可看出,锚固材料固化体体积膨胀率的增长速率逐渐降低直至趋于稳定。

对锚固材料固化体体积膨胀率与养护时间的关系进行拟合,得到:

$$\dot{V} = 1.448\ 03\ln(1.535\ 23\ln t) \tag{3-18}$$

相关系数 $R = 0.981\ 92$,这说明该对数函数能够表征锚固材料固化体体积膨胀率与养护时间的关系。

3.5.3　优化后锚固材料固化体巴西劈裂试验研究

采用巴西劈裂法测试锚固材料固化体的抗拉强度,试样破坏时作用在试样中心的最大拉应力为:

$$R_\tau = \frac{2P}{\pi Dt} \tag{3-19}$$

式中　R_τ——试样中心的最大拉应力,即抗拉强度,MPa;

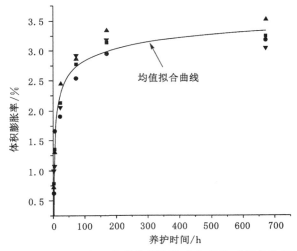

图 3-24　锚固材料固化体体积膨胀率与养护时间的关系曲线

P——试样破坏时的极限压力,N;

D——试样的直径,mm;

t——试样的高度,mm。

由于煤矿巷道复杂的地质条件,锚固材料固化体受到复合应力的影响而失效,而拉应力就是其作用力之一。因此,本小节通过试验研究了锚固材料固化体试样的巴西劈裂强度,通过对比分析了优化前后锚固材料固化体的抗拉强度。设置 6 组试验,其中,A、B、C 为空白试验(即优化前锚固材料固化体试验),D、E、F 为优化后锚固材料固化体试验,每组试验包括 3 个试样,分别研究试样在养护 3 d、7 d、28 d 时的抗拉强度,加载速率为 10 mm/s。

试样破坏前后形态如图 3-25 所示,不同养护时间下锚固材料固化体试样抗拉强度曲线

(a) 破坏前

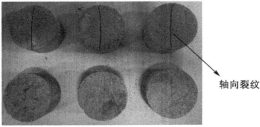

(b) 破坏后

图 3-25　试样破坏前后形态

如图 3-26 所示，试样抗拉强度测试结果如表 3-40 所示。

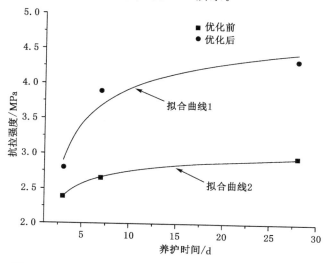

图 3-26　不同养护时间下锚固材料固化体试样抗拉强度曲线

表 3-40　试样抗拉强度测试结果

试样编号	养护时间 /d	试样尺寸（直径×高度） /mm	极限压力 /N	抗拉强度/MPa	
				单值	均值
A-1	3	49.98×30.02	5 492	2.33	
A-2	3	50.04×30.06	5 564	2.36	2.39
A-3	3	49.96×29.94	5 854	2.49	
B-1	7	49.91×30.02	6 612	2.81	
B-2	7	50.02×29.97	5 926	2.52	2.65
B-3	7	49.98×30.00	6 142	2.61	
C-1	28	49.93×30.04	6 782	2.86	
C-2	28	50.04×29.97	7 234	3.07	2.96
C-3	28	49.94×30.01	6 920	2.94	
D-1	3	50.08×29.92	6 456	2.74	
D-2	3	49.97×29.97	6 832	2.91	2.80
D-3	3	50.00×30.07	6 474	2.74	
E-1	7	49.95×29.92	9 210	3.95	
E-2	7	50.03×29.94	9 170	3.90	3.89
E-3	7	49.92×29.98	8 978	3.83	
F-1	28	50.07×29.93	9 765	4.15	
F-2	28	49.92×29.99	10 243	4.36	4.33
F-3	28	49.97×30.04	10 560	4.48	

在巴西劈裂试验过程中发现，随着轴向载荷的增加，在试样的中轴线处出现裂纹，并且随着载荷的进一步增加，裂纹扩展直至贯穿试样整个表面；在空白组试样破坏时可听到破坏

的声音,并且试样破坏比较彻底,试样从裂纹处分离成两部分,而优化后的锚固材料固化体试样破坏时没有发出声音,虽然轴向裂纹贯穿试样中轴线,但是由于聚丙烯纤维素的作用,在裂纹处仍有大量的聚丙烯纤维素胶结在裂纹之间,试样并未从裂纹处分离成两部分,这说明试样仍具有一定的残余抗拉能力,也间接说明了优化后锚固材料固化体具有较强的韧性。

由表 3-40 可知,当养护时间为 3 d 时,优化后锚固材料固化体试样抗拉强度为 2.80 MPa,相比空白组试样抗拉强度增加了 0.41 MPa;并且优化后锚固材料固化体试样 3~7 d 和 7~28 d 抗拉强度分别增长了 38.93% 和 11.31%,而优化前锚固材料固化体试样 3~7 d 和 7~28 d 抗拉强度分别增长了 10.88% 和 11.70%,这说明优化后锚固材料固化体抗拉强度前期增长较快,这是由于外加剂的添加促进了锚固材料前期的水化反应。由图 3-26 也可以看出,无论是优化前还是优化后,锚固材料固化体抗拉强度增长速率都是逐渐减小的。

对优化后锚固材料固化体试样抗拉强度与养护时间的关系进行拟合(即图 3-26 中拟合曲线 1),可得:

$$y = 1.38\ln(7.38\ln x) \tag{3-20}$$

相关系数 $R = 0.975\ 25$,这说明该对数函数能够表征优化后锚固材料固化体抗拉强度与养护时间的关系。

对空白组试样抗拉强度与养护时间的关系进行拟合(即图 3-26 中拟合曲线 2),可得:

$$y = 0.50\ln(102.32\ln x) \tag{3-21}$$

相关系数 $R = 0.998\ 25$,这说明该对数函数能够表征空白组试样抗拉强度与养护时间的关系。

3.5.4　优化后锚固材料固化体抗侵蚀性能试验研究

煤矿巷道作业环境特殊,矿井条件复杂多变,如围岩中存在大量节理、断层等结构面,导致巷道围岩渗水严重,加上施工用水,使底板锚索钻孔内有大量的积水。钻孔积水导致锚索的锚固力降低,其主要原因之一是钻孔积水的长期侵蚀使锚固材料固化体自身的强度降低,从而给煤矿安全生产带来隐患。因此,本节主要研究不同酸碱度水的侵蚀对锚固材料固化体强度的影响,以及侵蚀时间对锚固材料固化体强度的影响。

根据 3.2 节的正交试验结果,本小节试验采用的试验组合为 $A_3B_1C_4D_1$,即硅灰、矿粉、偏高岭土以及聚丙烯纤维素掺量分别为 1.5%、0.1%、12% 和 0.05%,水灰比为 0.4,设置 5 组试验,pH 分别为 5.42、6.31、7、8.46、10.45,并设置一组空白组(即不加水侵蚀的正常养护条件)进行对比。每组试验包括 6 个试样,共 36 个试样,试样制作完成后放进一次性塑料杯子里进行浸泡,并保证试样被溶液完全浸没,同时为了减小温度对试验造成的影响,将装有试样的杯子放入恒温恒湿养护箱内养护,待达到养护时间后将试样取出烘干,测试锚固材料固化体的 3 d 和 28 d 单轴抗压强度,研究不同酸碱度水的侵蚀对锚固材料固化体力学性能的影响。

锚固材料固化体抗侵蚀试验制作过程如图 3-27 所示,试样被酸碱溶液侵蚀 28 d 后的形态如图 3-28 所示,锚固材料固化体在不同酸碱溶液侵蚀下单轴抗压强度变化曲线如图 3-29 所示。

从图 3-28 可以看出,锚固材料固化体在酸碱溶液中养护 28 d 后试样表面发生了明显的变化。由图 3-28(a)可明显看出,试样在酸溶液侵蚀下发生了钝化,有一角发生了脱落;由

（a）配制酸碱溶液

（b）试样浸泡侵蚀

图 3-27 锚固材料固化体抗侵蚀试验制作过程

（a）pH 为 5.42 　　　　（b）pH 为 6.31

（c）pH 为 7 　　　（d）pH 为 8.46 　　　（e）pH 为 10.45

图 3-28 酸碱溶液侵蚀 28 d 后的试样形态

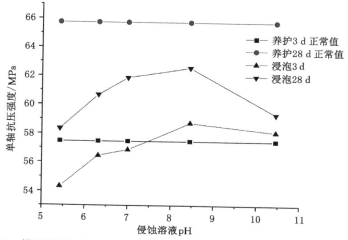

图 3-29 锚固材料固化体在不同酸碱溶液侵蚀下单轴抗压强度变化曲线

图 3-28(e)可以看出,在碱溶液中试样表面析出条状白色结晶体,并且在试样表面包裹着一层模糊状物体;由图 3-28(c)和图 3-28(d)可以看出,在 pH 为 7 和 8.46 的溶液中浸泡 28 d 后,试样表面均有少量的模糊状物体析出;在碱性条件和中性条件下养护 28 d,试样表面尚未产生钝化和起皮的现象,完整性较好。

由图 3-29 可知,锚固材料固化体在 pH 为 5.42 的酸溶液和 pH 为 6.31 的酸溶液中浸泡 3 d 后,其单轴抗压强度分别降低 3.15 MPa 和 1.02 MPa,浸泡 28 d 后其单轴抗压强度分别降低 7.41 MPa 和 5.08 MPa;锚固材料固化体在 pH 为 10.45 的碱溶液和 pH 为 8.46 的碱溶液中浸泡 3 d 后,其单轴抗压强度分别增加了 0.65 MPa 和 1.28 MPa,浸泡 28 d 后其单轴抗压强度分别降低 6.41 MPa 和 3.19 MPa。并且由图 3-29 可知,锚固材料固化体在酸碱溶液中浸泡 3 d,其单轴抗压强度随着溶液 pH 的增加呈现先增大后减小的现象,试验发现,锚固材料对碱性溶液抗腐蚀性优于对酸性溶液的抗腐蚀性,对从煤矿现场取得的巷道积水检测后发现,巷道积水多呈现弱碱性,因此,锚固材料的抗腐蚀性满足现场施工的要求。浸泡试样初期单轴抗压强度增长主要存在以下两个原因:一方面,锚固材料固化体试样中未水化的水泥颗粒,遇水发生进一步水化,重新生成水化产物[99-102];另一方面,在 OH^- 的作用下,水泥及其掺合料的硅氧四面体组成的玻璃体结构解体,使 Ca—O 键、Si—O—Si 键等断裂,产生大量的 SiO_4^{4-} 和 Ca^{2+} 等,从而激发未水化的水泥颗粒进一步水化[103-107]。重新生成的水化产物填充内部孔隙和裂缝,使锚固材料固化体更加密实。此外,OH^- 能够保证水泥及其掺合料的水化产物保持长期稳定,但是当锚固材料固化体在 NaOH 溶液中长期养护时,锚固材料固化体强度会降低。

3.5.5 优化后锚固材料固化体护筋能力试验研究

由于煤矿井下特殊的环境,巷道内可能会存在不同酸碱度的积水,而这部分积水会随着锚固材料固化体内部的孔隙和毛细裂缝进入锚索表面,引起锚索锈蚀,从而导致锚索与锚固材料固化体接触的界面率先发生滑移失效。因此,研究锚固材料固化体的护筋能力对煤矿安全生产具有重要的意义。

为研究锚固材料固化体的护筋能力,本小节设置 5 组试验,分别为 A_0、A_1、A_2、A_3、A_4,浸泡溶液的 pH 分别为 5.42、6.31、7、8.46 和 10.45。为了保证试验效果,首先用砂纸对锚索表面进行打磨;然后将锚索切割成长度为 50 mm 的分段,为防止锚索束散开,在切割好的锚索两端用拉丝扣将其固定,如图 3-30 所示,并按照比例将优化后的锚固材料加水搅拌,将浆液倒入模具;最后将事先准备好的锚索旋转插入浆液中央,如图 3-31 所示,待试样凝固后脱模,放入含有不同酸碱溶液的杯子内。为了加快试验的进程,将试样放入盐雾腐蚀试验箱内进行养护。

在盐雾腐蚀试验箱内养护 60 d 后,将试样从试验箱内取出。由图 3-32 可以看出,锚索外露端在不同酸碱溶液侵蚀下发生了不同程度的腐蚀现象,在强酸和强碱条件下,锚索腐蚀较为严重,并且在 pH 分别为 5.42 和 10.45 的酸碱溶液中,锚索外露端产生一层厚厚的铁锈,锚索被腐蚀严重。由图 3-32(a)可以看出,腐蚀液颜色发生了明显的变化,变成了浑浊的黄褐色,并且在杯子的底部有明显的铁锈沉淀物。图 3-33 为酸碱溶液浸泡 60 d 后锚固材料固化体护筋能力示意;将在不同酸碱溶液中浸泡 60 d 的试样取出,将其剖开以便于观察锚固段锚索的变化情况。由图 3-33 可以明显看出,锚固段锚索在不同酸碱溶液侵蚀下,其

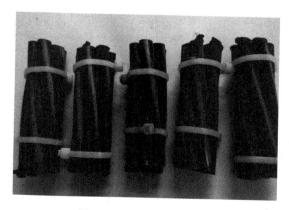

图 3-30 试验用锚索制作

图 3-31 锚索锚固固化

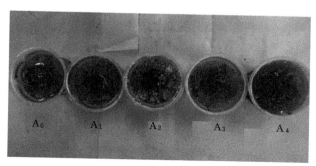

（a）俯视图

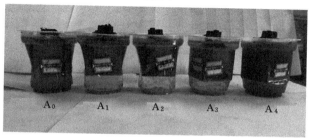

（b）正视图

图 3-32 不同酸碱溶液浸泡 60 d 后试样形态

表面并未发生明显的变化,与锚索外露端形成鲜明的对比,这表明锚固材料固化体具有较强的护筋能力。同时,在剖开的过程中发现,锚固材料固化体与锚索表面结合密实,并且有部分锚固材料固化体中的聚丙烯纤维素嵌入锚索束的空隙中,使锚索与锚固材料固化体之间结合得更加密实。

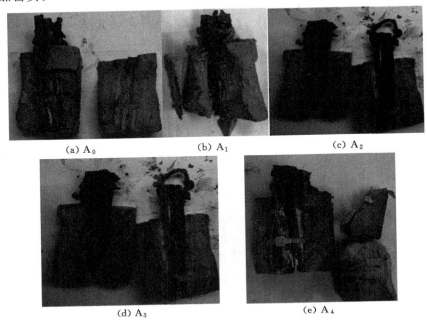

(a) A₀ (b) A₁ (c) A₂

(d) A₃ (e) A₄

图 3-33　酸碱溶液浸泡 60 d 后锚固材料固化体护筋能力示意

3.5.6　优化后锚固材料固化体拉拔试验研究

煤矿井下特殊的作业环境,要求锚固材料固化体应具有较高的锚固强度,其目的是提供更大的支护力。锚索拉拔试验是检测锚固材料固化体锚固性能的重要试验之一,因此,本小节主要对优化后的锚固材料固化体锚固性能进行了锚固力拉拔试验,试验过程如图 3-34 所示。

试验过程与方法如下:

制作试验锚固钻孔,本试验利用内直径为 30 mm 的钢管模拟锚索锚固钻孔,在实验室内将钢管切割成设计长度,并用扁铁进行焊接封底。

制作试验用锚索,本试验所用锚索直径为 17.8 mm,取自平顶山天安煤业股份有限公司十一矿,在实验室内将其截取成长度为 500 mm 的分段。

将自主研发的锚固材料按照比例搅拌均匀后倒入锚固钻孔内,并将锚索旋转插入至孔底,向其中一部分锚固后的钢管内注满水。按照试验设计将试样编号,放在实验室内养护。

表 3-41 为锚索抗拉拔力试验结果。由表 3-41 可知,当锚固长度为 150 mm 时,在实验室常温养护 1 d 孔内无积水条件下锚索抗拉拔力均值为 88.51 kN,当孔内有积水时养护 1 d 锚索抗拉拔力均值为 89.69 kN,可以看出,当孔内有积水时在实验室常温养护 1 d 后锚索抗拉拔力有所增加,增加了 1.18 kN。出现这种现象的原因是,孔内积水促进了锚固材料初期

（a）试样制作

（b）锚固力拉拔试验

图 3-34　试样制作与锚固力拉拔试验

的固化反应,从而使锚固材料固化体强度增加。当在实验室常温养护 3 d 后,正常无积水钻孔内锚索抗拉拔力均值为 119.25 kN,当孔内有积水时锚索抗拉拔力均值为 117.89 kN,锚索抗拉拔力在水的侵蚀作用下有所减小,这种现象与 3.5.4 小节优化后锚固材料固化体抗侵蚀性能试验研究结果相对应,即由于水的侵蚀,锚固材料固化体强度有所降低,表现为锚索抗拉拔力略微减小。

表 3-41　锚索抗拉拔力试验结果

试样编号	A_1	A_2	A_3	A_4	A_5	A_6	B_1	B_2	B_3	B_4	B_5	B_6
锚固长度/mm	150											
锚索尺寸 （直径×长度）/mm	17.8×500											
钢管尺寸 （孔径×长度）/mm	30×300											
是否积水	否						是					
养护时间/d	1			3			1			3		
抗拉拔力/kN	84.24	97.50	83.78	120.76	117.42	119.57	85.74	87.27	96.05	118.78	119.53	115.37
抗拉拔力均值/kN	88.51			119.25			89.69			117.89		

3.6　本 章 小 结

本章通过试验研究了水灰比、硅灰、矿粉、偏高岭土和聚丙烯纤维素单一因素对锚固材料初终凝时间和物理力学性能的影响。以硅灰、矿粉、偏高岭土以及聚丙烯纤维素为添加剂,以锚固原材料为基础材料进行正交试验,设计 4 个水平,4 个因素（A:硅灰,B:矿粉,C:偏高岭土,D:聚丙烯纤维素）,另外设置一组空白组。在水灰比为 0.4 的条件下,以锚固材料固化体不同养护时间的单轴抗压强度和体积膨胀率为指标,设计 L16(45)正交试验,得到以下结论:

（1）通过试验得出，当水灰比为 0.4 时，锚固材料固化体的性能最佳；锚固材料的初终凝时间和锚固材料固化体的抗折强度随着水灰比的增加而减小。其影响机理是随着水灰比的增加，锚固材料固化体内自由水增多，因此随着这部分自由水被水化消耗掉或者在养护过程中挥发流失后，锚固材料固化体内部的孔隙会增多，从而导致锚固材料固化体的密实度降低；并且随着水灰比的增加，锚固材料浆液出现严重的离析现象，从而导致锚固材料固化体内部的骨料分布不均，最终表现为锚固材料固化体强度降低。

（2）在控制水灰比为 0.4 不变的条件下，通过改变硅灰的掺量对锚固材料固化体的抗压抗折强度进行了试验研究，当硅灰掺量为 1.5％时，锚固材料固化体的强度最高，养护 3 d 单轴抗压强度、抗折强度分别为 51.12 MPa 和 56.87 MPa；并分析了硅灰的作用机理，硅灰具有很强的火山灰效应，硅灰中存在大量的活性 SiO_2，其能与锚固材料水化产生的 $Ca(OH)_2$ 发生二次反应生成更加稳定的硅酸钙凝胶。

（3）在控制水灰比为 0.4 不变的条件下，对添加不同掺量矿粉的锚固材料固化体 3 d 和 7 d 的强度进行了试验研究，当矿粉掺量为 0.5％时，锚固材料固化体强度最高，并且锚固材料固化体强度的初期增长速率较大，3 d 单轴抗压强度、3 d 抗折强度分别为 7 d 时的 87.15％和 94.10％。

（4）在控制水灰比为 0.4 不变的条件下，通过改变偏高岭土的掺量研究了偏高岭土对锚固材料固化体强度的影响，结果表明，当偏高岭土掺量为 10％时，锚固材料固化体的抗压抗折强度最大，并且随着偏高岭土掺量的增加，锚固材料固化体的强度表现为先增大后减小的特征。

（5）以锚固材料固化体不同养护时间的单轴抗压强度和体积膨胀率为指标，对正交试验结果进行了极差和方差分析，最终得到试验组合为 $A_3B_1C_4D_1$（即硅灰、矿粉、偏高岭土、聚丙烯纤维素掺量分别为 1.5％、0.1％、12％、0.05％）时的锚固材料固化体性能最佳，$A_3B_1C_4D_1$ 方案锚固材料固化体的强度、膨胀性好且韧性较好。

（6）通过对优化后锚固材料固化体性能的试验研究，得到当硅灰、矿粉、偏高岭土、聚丙烯纤维素掺量分别为 1.5％、0.1％、12％、0.05％时，锚固材料固化体 28 d 单轴抗压强度为 65.75 MPa、体积膨胀率为 3.24％；并对锚固材料固化体单轴抗压强度、体积膨胀率、抗拉强度与养护时间的关系曲线进行了拟合，发现符合对数函数关系，锚固材料固化体初期强度和体积膨胀率增长速率较大，后期趋于稳定。

（7）通过对优化后锚固材料固化体的抗侵蚀性能试验发现，当新型锚固材料固化体试样在酸性溶液或 pH 为 7 的溶液中浸泡时，其单轴抗压强度略有减小；在 NaOH 溶液中养护初期其单轴抗压强度增加，这是因为 NaOH 溶液能促进锚固材料的固化反应，重新生成的水化产物填充内部孔隙和裂缝，使锚固材料固化体更加密实，但是长期养护时，锚固材料固化体强度会降低。

（8）通过对优化后锚固材料固化体护筋能力和锚固力的试验研究，发现锚固材料固化体具有较强的护筋能力；在锚固长度为 150 mm 的条件下，养护 3 d 后正常无积水钻孔内锚索抗拉拔力均值为 119.25 kN，当钻孔内有积水时锚索抗拉拔力均值为 117.89 kN，这说明新型锚固材料固化体具有较强的锚固力和抗腐蚀能力。

4 巷道底板小孔径新型锚固剂锚固推进过程试验研究

　　锚杆(索)支护作为煤矿井下主要的支护手段,可有效解决巷道变形、冒顶、片帮等问题,实现煤矿井下的安全生产;但是由于煤矿井下特殊的作业环境,施工人员在煤矿井下安装锚杆(索)时,所用的搅拌扭矩、转速以及推力都依靠经验确定,尤其是在全锚状态下,锚杆(索)所受阻力增大,更加难以确定锚杆(索)搅拌扭矩、转速以及推力与位移之间的关系。而合理的搅拌扭矩、转速以及推力是实现锚杆(索)搅拌安装时快速、高效的前提,同时是保证锚杆(索)锚固效果的前提,因此,研制一种锚杆(索)搅拌锚固材料锚固时的力学特性监测方法势在必行。

4.1 试验原理

　　扭矩传感器用于锚杆(索)的搅拌扭矩和转速监测,压力传感器用于锚杆(索)的搅拌推力监测,并经过信号处理器进行数据处理后,将数据传递至计算机。试验人员可以通过计算机实时观察搅拌扭矩、转速以及推力的大小和变化曲线,待锚索被推至管件的封闭端时,停止气动钻机和气缸,将锚索与气动钻机分离,将管件与管件底座分离,并剖开管件以分析锚固剂的搅拌锚固效果。试验装置原理如图 4-1 所示。

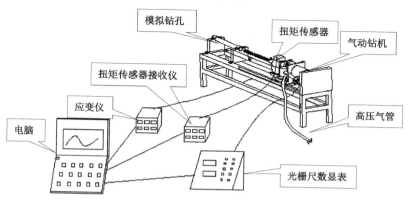

图 4-1　锚杆(索)搅拌锚固剂锚固时的力学响应监测装置原理

4.2 试验仪器

本试验所需设备主要有支架、气动钻机、高压气泵、锚索连接器、钻机连接器、光栅尺、扭矩传感器,如图 4-2 所示。

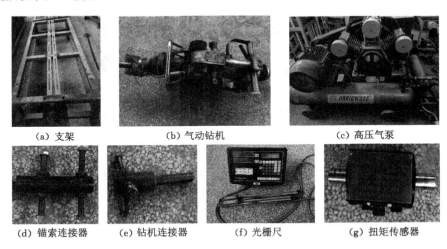

（a）支架　　　　　　　（b）气动钻机　　　　　　（c）高压气泵

（d）锚索连接器　　　　（e）钻机连接器　　　　（f）光栅尺　　　　（g）扭矩传感器

图 4-2 试验所需设备

（1）气动钻机

本试验过程中使用的钻机为 MQT-120/2.3J(C)型气动钻机,如图 4-2(b)所示,适用于顶板坚固性系数 $f＝3～8$ 的各种隧道、岩巷、煤巷、半煤岩巷锚网支护作业。该钻机质量轻、操作灵活方便,集钻孔、搅拌、锚索与锚杆安装功能于一体,是煤矿巷道和工程隧道锚索、锚杆支护配套的理想机具,其性能指标如表 4-1 所示。

表 4-1 MQT-120/2.3J(C)型气动钻机性能指标

额定压力 /MPa	额定扭矩 /(N·m)	推进力 /kN	整机质量 /kg	整机最大高度 /mm	整机最小高度 /mm
0.5	≥120	8.0	35	1 857±0.5	900±0.5

（2）光栅尺

锚索推进位移监测采用 JCS900-2AC 型光栅尺数显表系统,该装置包括光栅尺和光栅尺数显表,其中,光栅尺数显表是一种多功能光栅尺专用显示器,多用于机械车床加工领域。该装置利用光电转换原理将光栅数据处理为位移数据,显示精度极高。在试验中将光栅尺固定在支架上,将光栅尺的读数头通过铁丝相连,为满足推进量程要求,安装两个光栅尺采集位移数据,光栅尺如图 4-2(f)所示。

（3）扭矩传感器

本试验采用 JN-DN 型动态扭矩传感器,其精度为 0.5%,规格为 300 N·m,如图4-2(g)所示。

4.3 锚杆(索)搅拌锚固剂锚固时的力学响应监测装置设计

本节主要涉及一种锚杆(索)搅拌锚固剂锚固时的力学响应监测装置,设计该装置的目的是解决锚杆(索)搅拌安装时扭矩、转速以及推力难以确定的问题,实现煤矿井下锚杆(索)的安全、高效安装。

(1)移动装置制作

本试验装置依托河南理工大学锚杆锚固力测试仿真综合试验台(以下简称支架)进行改进设计,为实现气动钻机在装置上自动向前推进搅拌,需要设计一个移动装置,其高度为100 mm,长度为 1 000 mm,宽度为 400 mm,材质主要为角铁。首先利用切割机按设计尺寸切割角铁,采用台钻对切割完成的角铁定位打孔,然后用螺栓固定拼接角铁,最后在移动装置的两端和中部安装 6 个 V 形滑轮。移动装置制作过程如图 4-3 所示。

 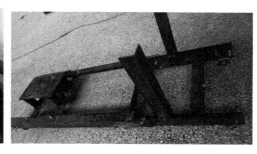

(a) 切割角铁　　　　(b) 定位打孔　　　　　　　(c) 移动装置实物

图 4-3　移动装置制作过程

(2)设备安装与调试

首先量取移动装置两侧轮子之间的间距,按照移动装置两侧轮子的间距在支架上定位标记,并将两根长度为 2 000 mm 的三角铁焊接在支架上,并且两根三角铁之间的距离为移动装置两侧轮子之间的距离,其作用是防止移动装置移动路线发生偏移;然后将制作好的移动装置放在角铁上,将气动钻机固定在移动装置上,并且将气动钻机的三级气缸的顶部通过圆盘固定在支架的挡板上,将气动钻机通过高压软管与高压气体接通对装置进行调试。

4.4 试验方案与锚固剂使用量的计算

共进行六组试验,其中三组试验所用锚固材料为树脂锚固剂,另外三组试验采用自主研发的新型锚固剂。为控制单一变量,试验所用钢管长度均为 1 000 mm,锚索直径为17.8 mm、长度为 1 200 mm。试验方案如表 4-2 所示。

表 4-2　试验方案

分组编号	S11	S12	S21	S22	S31	S32
锚固材料	新型锚固剂	树脂锚固剂	新型锚固剂	树脂锚固剂	新型锚固剂	树脂锚固剂
锚固长度/mm	300	300	450	450	600	600
钢管尺寸 (内直径×长度)/mm	30×1 000					
锚索尺寸 (直径×长度)/mm	17.8×1 200					

在进行搅拌试验之前,先要计算锚固剂使用量,以保证所使用的锚固剂量能够达到试验要求,从而减小试验误差。

锚固钻孔体积计算公式为:

$$V_1 = \pi D^2 L \tag{4-1}$$

式中　V_1——锚固钻孔体积,mm^3;

　　　D——钢管内半径,mm;

　　　L——锚固长度,mm。

为简化计算,将锚索视为圆柱体,其锚固段体积计算公式为:

$$V_2 = \pi d^2 L \tag{4-2}$$

式中　d——锚索的半径,mm。

因此,理论上锚固剂的实际充填体积计算公式为:

$$V_3 = V_1 - V_2 = \pi D^2 L - \pi d^2 L \tag{4-3}$$

整理式(4-3)得:

$$V_3 = \pi L (D^2 - d^2) \tag{4-4}$$

树脂锚固剂的体积计算依据 K2335 型进行,其直径为 23 cm,长度为 35 cm。为简化计算,将树脂锚固剂等价为一个圆柱体,其体积计算公式为:

$$V_{树脂} = \pi R^2 l \tag{4-5}$$

$$S = \frac{V_3}{V_{树脂}} \tag{4-6}$$

式中　l——树脂锚固剂长度,350 mm;

　　　R——树脂锚固剂半径,11.5 mm;

　　　S——树脂锚固剂的用量,根。

自主研发的新型锚固剂装袋后直径为 22 mm,为控制单一变量,将新型锚固剂每根长度加工成 35 cm。其体积计算公式为:

$$V_{新型} = \pi R'^2 l' \tag{4-7}$$

$$S' = \frac{V_3}{V_{新型}} \tag{4-8}$$

式中　l'——新型锚固剂长度,350 mm;

　　　R'——新型锚固剂半径,11 mm。

钻孔锚固剂使用量计算结果如表 4-3 所示。

表 4-3　钻孔锚固剂使用量计算结果

分组编号	S11	S12	S21	S22	S31	S32
锚固剂使用量/根	1.03	0.94	1.55	1.42	2.07	1.89

4.5　新型锚固剂结构优化设计

　　传统的"水泥药卷",在安装前先将"药卷"在水中浸泡,并且需要保证水泥药卷在搅拌推进前吸足水泥水化作用时的水分。但浸泡时间过久会导致水泥药卷失效硬化,浸泡时间太短将导致在锚索搅拌推进时水泥药卷不能充分反应。传统的水泥药卷在使用过程中很难把握浸泡时间,导致锚固效果较差。因此,为满足方便施工和高效作业的要求,以及适应煤矿井下特殊的作业环境,本节对新型锚固材料进行了装袋设计。为了使锚固材料运输方便,使用优质聚酯膜材料,将利用特殊热合工艺将其加工而成具有大小双层袋状结构的子母袋,用于双组分新型锚固剂的包装。该子母袋质量可靠,破损率低。

　　锚固剂袋制作所需设备主要有卡扣机、热熔机、搅拌机,如图 4-4 所示。为方便试验时使用,将子母袋按照设计长度剪切,并通过热熔机将子母袋一端封口,为保证密封效果,用卡扣机进行二次密封,将按比例搅拌均匀的新型锚固材料干料装入子母袋的母袋中,将装有锚固材料的子母袋放在天平上称重并记录数据;通过注射器按照 0.4 的水灰比向装有新型锚固材料的子母袋的子袋中注水,之后利用热熔机和卡扣机封口,待试验使用,如图 4-5 所示。

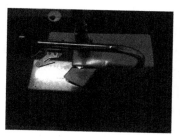 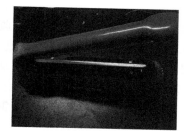 

　　（a）卡扣机　　　　　　　　（b）热熔机　　　　　　　（c）搅拌机

图 4-4　锚固剂袋制作所需设备

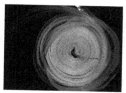  

　　（a）子母袋　　　　　　（b）剪取设计长度　　　　　　（c）封口

图 4-5　新型锚固剂袋制作过程

(d) 锚固剂干料　　　　(e) 干料装袋　　　　　　　(f) 两端密封

图 4-5(续)

4.6　试验过程

试验具体步骤：

第一步，安装设备。首先将钢管安装在支架上的钢管底座内并通过固定片和螺栓固定，用来模拟钻孔；然后将移动装置放在支架上焊接的三角铁上，将扭矩传感器安装在移动装置的前端，将气动钻机固定在移动装置上，通过螺栓将气动钻机的底部固定在支架后方的钢板上，并在气动钻机底部和钢板之间安设两个压力传感器，通过扭矩传感器与气动钻机连接器将两者紧密连接在一起，在安装过程中应保证钢管、扭矩传感器、气动钻机三者的轴心在同一条线上；之后将光栅尺固定在支架上，并将其移动端与移动装置连接；最后将扭矩传感器、光栅尺及压力传感器通过数据线与信号处理器接通，并将电脑与信号处理器接通，将气动钻机通过高压软管与高压气泵接通。

第二步，在钻孔内放入锚固剂，将锚固剂推入钢管的底部。

第三步，进行锚杆(索)搅拌扭矩、转速及推力监测。通过操纵杆上的开关控制高压气体，从而控制气动钻机，当高压气体一路通过管路进入气动钻机的气动旋转头带动气动钻机旋转，同时一路气体进入气缸时，三级气缸伸出，推动气动钻机带动锚索旋转前进；通过电脑可以实时观察搅拌扭矩、转速以及推力的大小和变化曲线；等待锚索推至钢管的底部搅拌3 min后停止搅拌，将锚索与扭矩传感器分离，拆掉钢管进行编号，等到搅拌锚固1 d后对其进行拉拔试验，并将其剖开分析锚固剂搅拌锚固效果；改变锚索锚固长度，分析搅拌扭矩、转速以及推力与位移的关系。具体试验过程如图4-6所示。

4.7　锚索搅拌锚固剂锚固时的力学响应分析

在锚固长度为300 mm、450 mm、600 mm的条件下，树脂锚固剂、新型锚固剂锚固搅拌推力、扭矩以及转速与推进位移的关系如图4-7至图4-12所示。

由图4-7和图4-8可知，当锚固长度为300 mm时，自主研发的新型锚固剂的搅拌推力、扭矩最大值分别为0.3 MPa和20 N·m，相对树脂锚固剂的搅拌推力、扭矩最大值(分别为0.36 MPa和35 N·m)，分别减少了16.7%和42.86%；并且从图4-7和图4-8对比分析可知，当采用树脂锚固剂时，随着推进位移的增加其搅拌推力和扭矩增长速率较大，而且扭矩上下波动，而使用自主研发的新型锚固剂推进过程比较平稳。由图4-9和图4-10对比分析

（a）装入新型锚固剂

（b）将新型锚固剂推至孔底

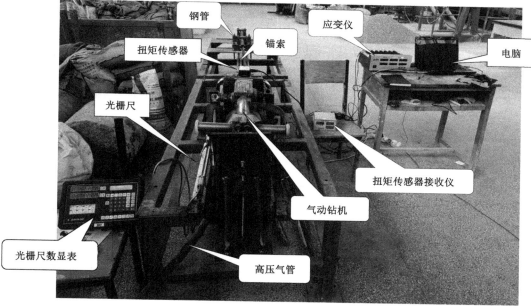

钢管
锚索
应变仪
电脑
扭矩传感器
光栅尺
扭矩传感器接收仪
气动钻机
光栅尺数显表
高压气管

（c）力学响应监测装置

图 4-6 锚索搅拌锚固剂锚固时的力学响应监测试验过程

可知,当锚固长度为 450 mm 时,使用自主研发的新型锚固剂其搅拌推力、扭矩最大值分别为 0.51 MPa 和 82 N·m,相对树脂锚固剂的搅拌推力、扭矩最大值(分别为 0.73 MPa 和 133 N·m),分别减小了 30.14％和 38.35％;并且当使用树脂锚固剂进行搅拌推进时,随着推进距离的增大推力逐渐增大,在位移为 480 mm 处即达到锚固长度的中间位置时,其扭矩和推力突然增大,此时锚索已经发生弯曲,推进相对比较困难。由图 4-11 和图 4-12 对比分析可知,当锚固长度为 600 mm 时,使用自主研发的新型锚固剂其搅拌推力、扭矩最大值分别为 0.72 MPa 和 124 N·m,相对树脂锚固剂的搅拌推力、扭矩最大值(分别为 1.2 MPa 和 175 N·m),分别减小了 40％和 29.14％;树脂锚固剂锚索在推进过程中发生严重弯曲,并且随着位移的增大其推进速度逐渐减慢,而使用自主研发的新型锚固剂推进过程较为顺利,其推力升高区出现在锚索与锚固剂刚接触时,原因是锚索搅拌锚固剂时首先需要搅破锚固剂袋,因此在两者刚接触破袋时推力和扭矩会出现上升现象。整体对比分析可知,当气动钻

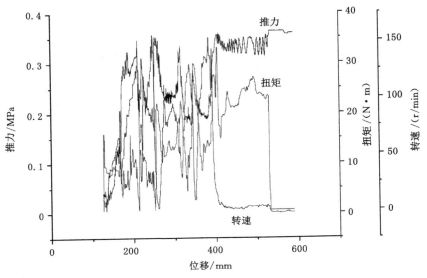

图 4-7　锚固长度为 300 mm 条件下树脂锚固剂锚固搅拌推力、扭矩以及转速与推进位移的关系

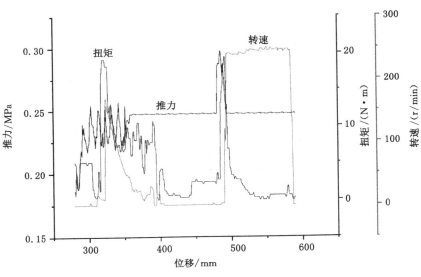

图 4-8　锚固长度为 300 mm 条件下新型锚固剂锚固搅拌推力、扭矩以及转速与推进位移的关系

机输出功率相同时,无论是用树脂锚固剂还是用自主研发的新型锚固剂,其搅拌所用的推力、扭矩均随着锚固长度的增加而增大,并且在不同的锚固长度条件下,使用自主研发的新型锚固剂其搅拌推力、扭矩相比相同条件下树脂锚固剂的搅拌推力、扭矩要小;推进时,扭矩和转速呈负相关关系,即当锚索搅拌推进时,受的阻力大时其扭矩相应增大,而转速相对减小。由此对比分析可知,自主研发的新型锚固剂相对树脂锚固剂更易搅拌推进。这是由于树脂锚固剂黏度较大,搅拌推进时锚索受到较大的阻力;而自主研发的新型锚固剂和易性较好,搅拌阻力较小。

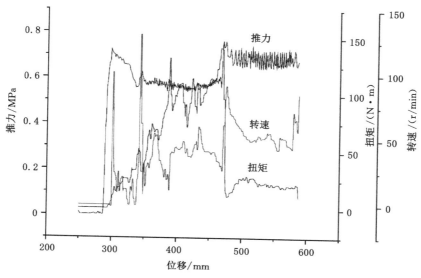

图 4-9 锚固长度为 450 mm 条件下树脂锚固剂锚固搅拌推力、扭矩以及转速与推进位移的关系

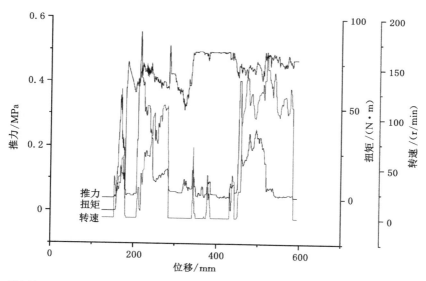

图 4-10 锚固长度为 450 mm 条件下新型锚固剂锚固搅拌推力、扭矩以及转速与推进位移的关系

4.8 锚索搅拌推进锚固剂搅拌效果分析

锚固质量的好坏直接关系到煤矿安全生产,而锚固剂的搅拌效果是衡量锚固质量的关键指标之一。王斌等[108]指出锚杆锚固效果的衡量指标需要进一步改善和加强,以确保锚杆对围岩的支护作用;薛亚东等[109]针对相同锚固长度、不同直径的锚索钻孔的锚固效果进行试验研究,得出了钻孔直径过大导致锚固剂得不到充分搅拌而严重影响锚固效果的结论。

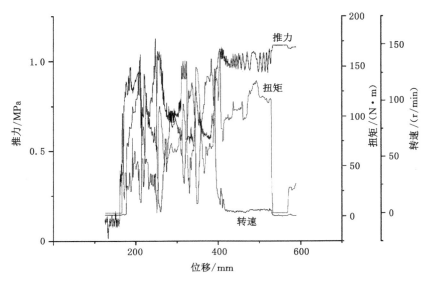

图 4-11　锚固长度为 600 mm 条件下树脂锚固剂锚固搅拌推力、扭矩以及转速与推进位移的关系

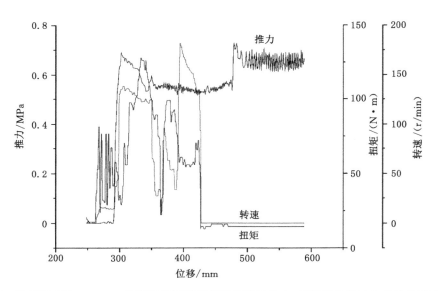

图 4-12　锚固长度为 600 mm 条件下新型锚固剂锚固搅拌推力、扭矩以及转速与推进位移的关系

本节主要通过拉拔试验和分段截取锚固段来检测锚固剂的锚固效果。

4.8.1　试验设备与试验过程

锚固剂的锚固效果试验所需设备主要有锚索拉拔仪、锚索测力计、气动液压泵、高压气泵、切割机,如图 4-13 所示。

本试验所用锚索拉拔仪最大量程为 100 mm,在油缸的一侧分别留有进油通道和回油通道,并且是对称双油缸同时工作,性能稳定。试验拉拔力监测设备为 MCS-400 型矿用本

　　(a) 锚索拉拔仪　　　　　(b) 锚索测力计　　　　　(c) 气动液压泵

　　　(d) 高压气泵　　　　　　　　　　　(e) 切割机

图 4-13　试验所用设备

安型锚索测力计,由传感器和变送器组成,二者之间用长约 189 mm、ϕ12 mm 的不锈钢软管连接。

　　气动液压泵将较低的空气压力转换成高油压,可以代替手动或电动液压泵与锚索张拉机具、退锚机、锚杆(索)拉力计或其他液压工具配套使用。并且在气动液压泵上自带有压力表,可以有效防止当锚索测力计出现问题时无法监测数据事件的发生。

　　高压气泵具有吹吸双功能,通过的气体无水无油,具有噪声较低、效率高、免维护等性能。

　　试验时,首先将锚固后的钢管固定在支架上,然后将锚索测力计和锚索拉拔仪一次安装在锚索外露端上,并将锚索拉拔仪的进油和回油通道通过高压软管与气动液压泵的进油与出油口连接,最后将气动液压泵与高压气泵连接,依次打开高压气泵和气动液压泵,通过锚索拉拔仪底部的锁片将锚索锁紧,同时油缸伸出。记录锚索测力计上的数据和气动液压泵压力表的数据。将拉拔后的锚固段用切割机进行分段切割,以观察不同锚固剂、不同锚固长度推进搅拌效果,试验过程如图 4-14 所示。

4.8.2　试验结果分析

　　图 4-15 为新型锚固剂和树脂锚固剂锚索被拉出对比情况,图 4-16 为锚索抗拉拔力随锚固长度的变化曲线。由图 4-16 可知,在实验室养护 1 d 后,锚固长度为 300 mm、450 mm、600 mm 的新型锚固剂锚固锚索的最大抗拉拔力分别为 142 kN、178 kN、188 kN,相同条件下树脂锚固剂锚固锚索的最大抗拉拔力分别为 123 kN、164 kN、188 kN。由此可以看出,新型锚固剂的锚固力比树脂锚固剂的锚固力大。并且由图 4-16 可以看出,随着锚

（a）拉拔试验　　　　　　　　（b）分段切割

图 4-14　试验过程

固长度的增加，树脂锚固剂的锚固力增长速率逐渐减小，而新型锚固剂的锚固力增长速率逐渐增大，从而体现了新型锚固剂的锚固效果比树脂锚固剂的锚固效果好。

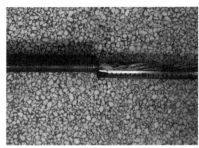 

（a）新型锚固剂锚固锚索　　　　　　（b）树脂锚固剂锚固锚索

图 4-15　锚索被拉出对比情况

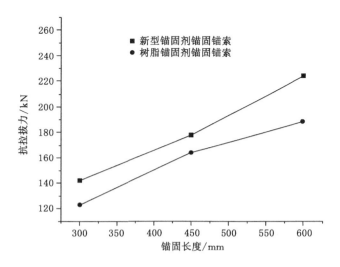

图 4-16　锚索抗拉拔力随锚固长度的变化曲线

由图4-17和图4-18所示两种锚固剂不同锚固段锚固效果可以看出,使用新型锚固剂搅拌推进时,在0~35 cm锚固段锚固较密实,锚索与锚固剂、锚固剂和孔壁结合较为紧密,锚固效果较好;在35~49 cm锚固段,锚索与锚固剂界面出现分离、结合不紧密的现象;在49~60 cm锚固段,出现孔洞,且明显可以看出存在未被搅破的锚固剂子母袋。当使用树脂锚固剂搅拌推进时,在0~7 cm、28~35 cm和42~49 cm锚固段,都存在树脂锚固剂未固化的现象;在7~14 cm和14~21 cm锚固段,在进行切割时发现有搅拌开的白色固化剂析出;在35~42 cm锚固段出现锚固剂与锚索界面分离的现象,锚固不密实;在49~60 cm锚固段,存在锚固剂子母袋未被搅碎的现象。并且从这两幅图可以看出,在拉拔试验后锚固系统发生脱锚,无论是哪种锚固剂,其脱锚界面均为锚索与锚固剂界面,造成这种现象的原因可能是所使用的钢管内壁较为粗糙,锚固剂与钢管内壁之间的黏结力比锚索与锚固剂之间的黏结力大。通过对比分析可知,自主研发的新型锚固剂锚固搅拌效果好,锚固段锚固材料较密实,锚索锚固力大。

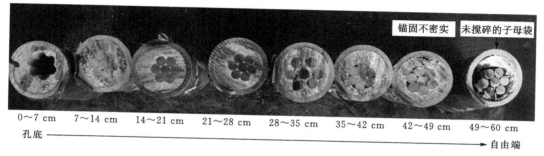

图 4-17 新型锚固剂不同锚固段锚固效果

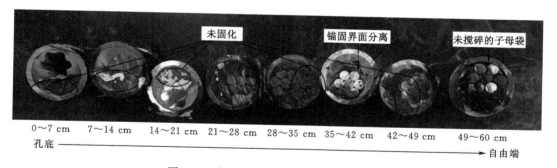

图 4-18 树脂锚固剂不同锚固段锚固效果

4.9 本章小结

(1)为满足方便施工和高效作业的要求,以及适应煤矿井下特殊的作业环境,对新型锚固材料进行了装袋设计;为了使锚固材料运输方便,使用优质聚酯膜材料,利用特殊热合工艺将其加工而成具有大小双层袋状结构的子母袋,用于双组分新型锚固剂的包装。该子母袋质量可靠,破损率低。

（2）通过自主研发的一种锚杆（索）搅拌锚固材料锚固时的力学特性监测装置对树脂锚固剂和新型锚固剂进行了推进搅拌力学响应试验，并对不同锚固长度条件下树脂锚固剂与新型锚固剂在搅拌推进时的推力、扭矩以及转速与位移之间的关系进行了分析。结果表明，当气动钻机输出功率相同时，无论是用树脂锚固剂还是用新型锚固剂，其搅拌所用的推力、扭矩随着锚固长度的增加而增大，并且在不同的锚固长度条件下，使用新型锚固剂其搅拌推力、扭矩相比相同条件下采用树脂锚固剂时的搅拌推力、扭矩要小；推进时，扭矩和转速呈负相关关系，即当锚索搅拌推进时，受的阻力大其扭矩相应增大，而转速相对减小。由此对比分析可知，新型锚固剂相对树脂锚固剂更易搅拌推进。这是由于树脂锚固剂黏度较大，搅拌推进时锚索受到较大的阻力；而新型锚固剂和易性较好，搅拌阻力较小。

（3）通过锚索搅拌推进锚固剂搅拌效果试验得出，相对树脂锚固剂，使用新型锚固剂锚固时，锚索与锚固剂、锚固剂和孔壁结合较为紧密，锚固材料固化效果好，因此，锚索锚固效果较好、锚固力大。

5　井下工业性试验研究

5.1　矿井工程地质概况

平顶山天安煤业股份有限公司十一矿井田范围内含煤地层为石炭系上统太原组,二叠系下统山西组、下石盒子组和二叠系上统上石盒子组。煤系总厚 794.03 m,共含煤 9 组 88 层,煤层总厚度 25.31 m,含煤系数为 3.19%。主采煤层为丁$_{5-6}$、戊$_{9-10}$、己$_{16-17}$三层煤。丁$_{5-6}$煤层厚度为 0.13～10.05 m,平均 2.76 m,结构较复杂,为较稳定煤层。戊$_{9-10}$煤层厚度为 0.51～5.6 m,平均 2.36 m,结构较简单,为较稳定煤层。己$_{16-17}$煤层厚度为 0.27～20.54 m,平均 6.42 m,结构较简单,为稳定至较稳定煤层。

5.2　试验巷道支护概况

二水平丁六回风大巷局部受矿压影响,两帮收敛,顶板下沉,并且局部积水严重,导致底板鼓起严重,顶底板间最小垂距只有 1.6 m,影响矿井回风及行人安全。巷道原支护方案如图 5-1 所示。

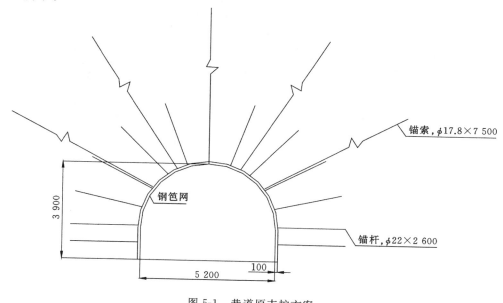

图 5-1　巷道原支护方案

5.3 井下锚索锚固性能试验

5.3.1 测点布置及试验要求

（1）测点布置

在二水平丁六回风大巷底鼓较为严重的一段巷道中进行工业性试验，施工过程中进行必要的矿压监测，监测内容包括锚索锚固力和巷道底鼓量。巷道共施工 200 m，在二水平丁六回风大巷中布置 3 个测点，测点布置如图 5-2 所示。

图 5-2 测点布置示意

（2）试验要求

按照设计在每个测点分别对用树脂锚固剂和自主研发的新型锚固剂锚固的锚索进行拉拔试验，具体步骤如下：

第一步，首先使用底板钻机在巷道底板钻打锚索钻孔。

第二步，将树脂锚固剂和新型锚固剂塞入钻孔，保证锚固长度均为 600 mm。

第三步，将锚固剂搅拌均匀锚固。待锚固 1 d 后进行锚索拉拔试验。

井下施工现场如图 5-3 所示，锚索抗拉拔力测试结果如表 5-1 所示。

图 5-3 井下施工现场

由表 5-1 可知，当使用自主研发的新型锚固剂进行锚固时，3 个测点锚索抗拉拔力平均值为 209 kN；而使用树脂锚固剂进行锚固时，锚索抗拉拔力平均值为 193 kN。由此可知，新型锚固剂能提供更高的锚固力。

表 5-1　锚索抗拉拔力测试结果

锚固材料	测点	锚索规格	抗拉拔力/kN	抗拉拔力均值/kN
新型锚固剂	测点 1	$\phi17.8\ mm \times 7\ 500\ mm$	198	209
	测点 2		212	
	测点 3		217	
树脂锚固剂（K2350）	测点 1		201	193
	测点 2		193	
	测点 3		185	

5.3.2　新型锚固剂工业性试验

由底板锚索拉拔试验可知,使用自主研发的新型锚固剂锚固,锚索锚固力相对采用树脂锚固剂锚固时的高。针对二水平丁六回风大巷底鼓严重、支护困难等技术难题,采用自主研发的新型锚固剂进行底板预应力锚索锚固,以解决上述问题。拟采用的巷道支护方案如图 5-4所示。

参照相关技术文件对二水平丁六回风大巷中底鼓较为严重的一段巷道进行返修维护。

（1）施工注意事项

① 施工前对施工地点上下 50 m 范围进行敲帮问顶,捣掉活矸危岩,确保施工安全。

② 找顶时,必须由经验丰富的老工人专人观察,同时确保退路畅通。

③ 找顶期间,如遇较大块喷浆皮,必须及时补打直径大于 200 mm 的点柱,并及时停止拉底工作,待支护完毕后,方可继续进行找顶工作。

④ 施工时,在施工地点上方 20 m 处设置警戒牌,在施工地点下方 20 m 处设置警戒人,如有行人通行,则警戒人员负责联系施工人员,确保行人和施工人员安全。

⑤ 施工严格执行"行车不行人、行人不行车"和"一坡三挡"斜巷提升制度。

⑥ 施工中,严格执行敲帮问顶制度,捣掉活矸危岩,防止脱落伤人,严禁在空顶、空帮下作业,施工人员必须站在支护完好的地点作业。

⑦ 风带连接和风嘴连接必须牢固,并上紧保险铁丝,防止滑脱伤人。

⑧ 现场作业人员在使用工具时,严禁砸、碰巷道内的管线设施。

⑨ 每班施工完毕后,将积渣清理干净,不得影响巷道内行人和轨道运输安全。

⑩ 出渣时,矿车下沿设置"十"字交叉道木进行掩车,掩车必须牢固。

⑪ 人工装车时,施工人员应保持适当距离,以防止镐锹伤人,且站于矿车两侧,矿车前、后方严禁站人。

⑫ 渣车不得装得过满,渣不超过矿车沿,防止提车时往下滚渣。

⑬ 施工完毕后,做到工完场清,物料及时回收,搞好文明生产。

（2）具体支护参数

① 锚杆采用 $\phi22\ mm \times 2\ 600\ mm$ 高强锚杆,锚杆间、排距为 700 mm×700 mm。

② 锚索规格为 $\phi17.8\ mm \times 7\ 500\ mm$,巷道顶板锚索间、排距为 1 000 mm×1 400 mm,巷道底板锚索间、排距为 900 mm×1 000 mm。

③ 托盘贴紧岩面,螺丝紧固;锚杆外露长度为 10～40 mm,锚索外露长度为 150～

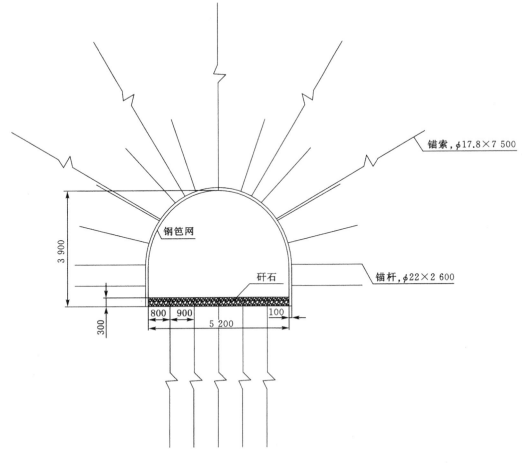

图 5-4　巷道现支护方案

250 mm。

④ 巷道两帮和顶部锚杆、锚索与巷道轮廓线的夹角不小于 75°,巷道底板锚索与巷道轮廓线的夹角为 90°。

⑤ 钻孔直径不超过锚杆、锚索直径 10 mm。

⑥ 钻孔深度不超过锚杆、锚索有效杆体长度 50 mm。

⑦ 钢笆网铺设平整,压茬不小于 50 mm,并用 12# 铁丝双道绑扎连接,每 200 mm 一道。

5.3.3　巷道围岩位移及支护效果

按照 5.3.2 小节的维修方案对二水平丁六回风大巷中底鼓较为严重的一段巷道进行工业性试验,并对巷道进行监测,监测结果如图 5-5 所示。

由图 5-5 可知,采用新型锚固剂锚固巷道底板锚索,有效解决了巷道底鼓问题,在返修维护 20 d 左右巷道底鼓趋于稳定,巷道底鼓量被有效控制在 200 mm 以下。

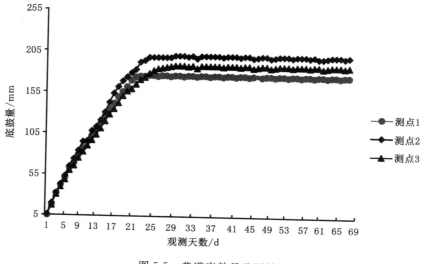

图 5-5　巷道底鼓量监测结果

5.4　本章小结

本章内容为井下工业性试验,对使用自主研发的新型锚固剂和树脂锚固剂锚固的底板锚索进行了拉拔试验,并对二水平丁六回风大巷底鼓严重部位进行了返修维护,通过现场测试和观测得到如下结论:

（1）巷道底板锚索拉拔试验表明,使用自主研发的新型锚固剂锚固,锚索锚固力较大,锚固效果较好,并且搅拌推进时阻力较小,推进搅拌过程较顺利。

（2）对二水平丁六回风大巷底鼓严重部位进行了返修维护,使用自主研发的新型锚固剂锚固巷道底板锚索,巷道底鼓量较小,巷道围岩得到了有效控制。

参 考 文 献

[1] 史元伟,张声涛,尹世魁,等.国内外煤矿深部开采岩层控制技术[M].北京:煤炭工业出版社,2009.

[2] 康红普,王金华,林健.高预应力强力支护系统及其在深部巷道中的应用[J].煤炭学报,2007,32(12):1233-1238.

[3] 张辉.超千米深井高应力巷道底鼓机理及锚固技术研究[D].北京:中国矿业大学(北京),2013.

[4] 刘成,宋选民,刘叶,等.大断面回采巷道层状底板底臌机理及其防治对策[J].煤炭学报,2014,39(6):1049-1055.

[5] 郑朋强,陈卫忠,谭贤君,等.软岩大变形巷道底臌破坏机制与支护技术研究[J].岩石力学与工程学报,2015,34(增1):3143-3150.

[6] 杨生彬,何满潮,刘文涛,等.底角锚杆在深部软岩巷道底臌控制中的机制及应用研究[J].岩石力学与工程学报,2008,27(增1):2913-2920.

[7] 张有为,倪庆均,李路军.深井采区巷道底臌机理及防治技术[J].山东煤炭科技,2006(6):2-3.

[8] 高明中.巷道压曲性底臌的机理与控制[J].安徽理工大学学报(自然科学版),2008,28(1):20-24.

[9] 程良奎,范景伦,韩军,等.岩土锚固[M].北京:中国建筑工业出版社,2003.

[10] 赵明华,廖彬彬,刘思思,等.桩底嵌岩锚杆锚固段应力分布研究[J].公路交通科技,2011,28(1):42-46.

[11] 丁瑜,王全才,何思明.拉力分散型锚索锚固段荷载传递机制[J].岩土力学,2010,31(2):599-603.

[12] 雒亿平,史盛,言志信.抗拔荷载作用下锚固体与岩土体界面剪切作用[J].煤炭学报,2015,40(1):58-64.

[13] LI C,STILLBORG B.Analytical models for rock bolts[J].International journal of rock mechanics and mining sciences,1999,36(8):1013-1029.

[14] 樊昀,刘思思.基于能量原理的拉力型锚杆数值计算方法[J].公路交通科技,2012,29(12):14-20.

[15] 张培胜,阴可.拉力型锚杆锚固段传力机理的全过程分析方法[J].地下空间与工程学报,2009,5(4):716-723.

[16] YIN J H,ZHOU W H.Influence of grouting pressure and overburden stress on the interface resistance of a soil nail[J].Journal of geotechnical and geoenvironmental

engineering,2009,135(9):1198-1208.

[17] 赵同彬,尹延春,谭云亮,等.锚杆界面力学试验及剪应力传递规律细观模拟分析[J].采矿与安全工程学报,2011,28(2):220-224.

[18] BLANCO M L,TIJANI M,HADJ-HASSEN F.A new analytical solution to the mechanical behaviour of fully grouted rockbolts subjected to pull-out tests[J].Construction and building materials,2011,25(2):749-755.

[19] CAI Y,ESAKI T,JIANG Y J.An analytical model to predict axial load in grouted rock bolt for soft rock tunnelling[J].Tunnelling and underground space technology,2004,19(6):607-618.

[20] 尤志嘉,付厚利,尤春安,等.土层锚固体应力传递机制[J].岩土力学,2018,39(1):85-92.

[21] 伍国军,褚以惇,陈卫忠,等.地下工程锚固界面力学模型及其时效性研究[J].岩土力学,2011,32(1):237-243.

[22] 尤春安,战玉宝,刘秋媛,等.预应力锚索锚固段的剪滞-脱黏模型[J].岩石力学与工程学报,2013,32(4):800-806.

[23] 谈一评,曾镇强.简谐动力波作用下锚杆拉拔试验研究[J].岩土工程学报,2013,35(3):409-414.

[24] 姚国强,言志信,龙哲,等.岩质边坡锚固界面剪应力分布的模拟试验研究[J].公路交通科技,2018,35(10):34-41.

[25] 张建经,廖蔚茗,欧阳芳,等.重复荷载作用下岩锚体系力学特性和黏结性能试验研究[J].岩石力学与工程学报,2013,32(4):829-834.

[26] LI C C,KRISTJANSSON G,HØIEN A H.Critical embedment length and bond strength of fully encapsulated rebar rockbolts[J].Tunnelling and underground space technology,2016,59:16-23.

[27] VANDERMAAT D,SAYDAM S,HAGAN P C,et al.Examination of rockbolt stress corrosion cracking utilising full size rockbolts in a controlled mine environment[J].International journal of rock mechanics and mining sciences,2016,81:86-95.

[28] 陈璐,谭云亮,臧传伟,等.加锚岩石力学性质及破坏特征试验研究[J].岩土力学,2014,35(2):413-422.

[29] 陈璐,臧传伟,于凤海,等.加锚岩石抗弯特性试验研究[J].岩土力学,2014,35(12):3451-3459.

[30] LI C C.Field observations of rock bolts in high stress rock masses[J].Rock mechanics and rock engineering,2010,43(4):491-496.

[31] KANG H,WU Y,GAO F,et al.Fracture characteristics in rock bolts in underground coal mine roadways[J].International journal of rock mechanics and mining sciences,2013,62:105-112.

[32] 肖同强,李怀珍,徐营,等.深部构造应力区煤巷肩角锚杆破断机制及控制[J].岩土力学,2013,34(8):2303-2308.

[33] 姜耀东,赵毅鑫,刘文岗,等.深部开采中巷道底鼓问题的研究[J].岩石力学与工程学报,2004,23(14):2396-2401.

[34] 华心祝,李志华,李迎富,等.深井大断面沿空留巷分阶段底鼓特征分析[J].煤炭科学技术,2016,44(9):26-30.

[35] 刘禹辰.中兴矿沿空留巷底鼓机理研究[D].徐州:中国矿业大学,2014.

[36] 徐菅,周辉,柏建彪,等.沿空留巷底鼓特性与控制方法研究[J].岩石力学与工程学报,2015,34(增2):4235-4243.

[37] 林东才,魏夕合,许春兆,等.深井膨胀型软岩底板沿空留巷底鼓类型及变形机理研究[J].矿业研究与开发,2013,33(1):23-26.

[38] 魏夕合,林东才,许春兆.深部沿空留巷底板受力及变形特征分析[J].工业安全与环保,2013,39(1):4-6,9.

[39] 华心祝,卢小雨,李迎富.深井大断面沿空留巷底鼓防控技术[J].煤炭科学技术,2013,41(9):100-104.

[40] 华心祝,李迎富.沿空留巷底板变形力学分析及底臌防控[J].煤炭学报,2016,41(7):1624-1631.

[41] 张后全,韩立军,贺永年,等.构造复杂区域膨胀软岩巷道底鼓控制研究[J].采矿与安全工程学报,2011,28(1):16-21.

[42] 吕强.近距煤层群开采软岩巷道底鼓机理与防治技术研究[J].煤炭技术,2016,35(10):94-97.

[43] 高胜利.煤矿巷道底鼓机理及控制数值研究[J].煤炭技术,2016,35(8):81-83.

[44] 李俊岗,左胜,尚立斌,等.底板锚注加固技术治理深部软岩巷道底鼓[J].煤炭与化工,2016,39(7):76-78,81.

[45] 李传森,赵建忠,王磊.两帮注浆在煤层巷道底鼓控制中的数值模拟研究[J].矿业安全与环保,2014,41(6):36-39,43.

[46] 王宏生,陈超.六家矿软岩巷道底鼓机理及控制研究[J].煤炭科学技术,2016,44(增刊):80-85.

[47] 张守宝,李政,王宇,等.煤泥岩硐室群区巷道底臌控制机理及应用[J].应用基础与工程科学学报,2017,25(4):712-723.

[48] 阚甲广,张农,李桂臣,等.泥化巷道底板控制技术研究[J].采矿与安全工程学报,2011,28(3):356-360.

[49] 韩贵兴,陈启辉.破碎底板和承压水条件下巷道底鼓治理技术研究[J].煤炭工程,2015,47(5):58-60.

[50] 李和志,杨志刚,蒋鑫.基于软岩巷道底鼓防治的梁锚结构参数确定方法[J].湖南科技大学学报(自然科学版),2018,33(3):31-38.

[51] SEKI S,KAISE S,MORISAKI Y,et al.Model experiments for examining heaving phenomenon in tunnels[J].Tunnelling and underground space technology,2008,23(2):128-138.

[52] 华心祝,杨明,刘钦节,等.深井沿空留巷底鼓演化机理模型试验研究[J].采矿与安全工程学报,2018,35(1):1-9.

[53] 冯超,范公勤.崔家沟煤矿巷道围岩变形规律研究[J].工矿自动化,2018,44(11):95-99.

[54] SUN J,WANG L G. Numerical simulation of grooving method for floor heave control in soft rock roadway[J]. Mining science and technology(China),2011,21(1):49-56.

[55] 杨明.深井坚硬顶板沿空留巷底鼓机理及其防控研究[D].淮南:安徽理工大学,2018.

[56] 曹永国,王俊超.高应力软岩底鼓巷道锚注联合支护技术研究[J].山西焦煤科技,2014,38(4):38-41.

[57] 吕强,宋选民.复杂应力影响下软岩巷道底鼓机理研究[J].煤炭技术,2016,35(4):82-84.

[58] 王超,伍永平,黄小平,等.石门底鼓的锚网-喷混凝土-U 型钢联合支护研究[J].河南理工大学学报(自然科学版),2018,37(1):31-36.

[59] 靳俊晓,申金超,刘元祥,等.沿空回采巷道蝶叶型非对称底鼓机理[J].煤矿安全,2018,49(6):204-209.

[60] 韩磊,侯水云,张小康.大倾角煤层回采巷道底鼓机理及控制技术[J].煤矿安全,2018,49(3):209-212.

[61] SUN X M,WANG D,FENG J L,et al. Deformation control of asymmetric floor heave in a deep rock roadway:a case study[J]. International journal of mining science and technology,2014,24(6):799-804.

[62] WU G,FANG X Q,BAI H L,et al. Optimization of roadway layout in ultra-close coal seams:a case study[J].Plos one,2018,13(11):e0207447.

[63] ZHANG W,HE Z M,ZHANG D S,et al. Surrounding rock deformation control of asymmetrical roadway in deep three-soft coal seam:a case study[J]. Journal of geophysics and engineering,2018,15(5):1917-1928.

[64] YANG J H,SONG G F,YANG Y,et al. Application of the complex variable function method in solving the floor heave problem of a coal mine entry[J]. Arabian journal of geosciences,2018,11(17):1-15.

[65] WANG M,ZHENG D J,WANG K W,et al. Strain energy analysis of floor heave in longwall gateroads[J]. Royal society open science,2018,5(8):180691.

[66] Guo G Y,Kang H P,Qian D Y,et al. Mechanism for controlling floor heave of mining roadways using reinforcing roof and sidewalls in underground coal mine[J]. Sustainability,2018,10(5):1413.

[67] WILSON A H. The stability of tunnels in soft rock at depth[C]//Conference on Rock Engineering,1977:511-527.

[68] HARAMY K.Floor heave analysis in a deep coal mine[C]//Proceeding of the 27th US Symposium on Rock Mechanics,1986:520-525.

[69] 王忠荣,马利洋,何旭东.环氧树脂锚固剂[J].上海建材,2003(4):16-19.

[70] 郑重远,黄乃炯.树脂锚杆及锚固剂[M].北京:煤炭工业出版社,1983.

[71] 侯朝炯,郭励生,勾攀峰,等.煤巷锚杆支护[M].徐州:中国矿业大学出版社,1999.

[72] 康红普,崔千里,胡滨,等.树脂锚杆锚固性能及影响因素分析[J].煤炭学报,2014, 39(1):1-10.

[73] 郑重远,黄乃炯.树脂锚杆及锚固剂[M].北京:煤炭工业出版社,1983.

[74] 刘翠现,汪健民,郑玉.树脂锚固剂及在潞安五阳煤矿的应用[J].煤矿开采,2002, 7(3):36-37,40.

[75] 张来德.浸水式水泥锚固剂在软弱围岩条件下浸水时间的试验与认识[J].建井技术, 1987(2):22-23.

[76] 穆克汉,吴陶立,刘小虎.煤矸石粉作填料配制树脂锚固剂的试验研究[J].四川建材, 2019,45(12):36-38.

[77] 王淑敏,朱宗君,卢新华.甘油改性锚固剂专用不饱和聚酯树脂的合成及应用研究 [J].中国高新科技,2017,1(4):14-16.

[78] 周梅,朱涵,李志国.大掺量煤矸石-粉煤灰制备树脂混凝土研究[J].应用基础与工程 科学学报,2008,16(3):349-356.

[79] 范坚.水泥锚固剂[J].煤炭科学技术,1991(2):13-15.

[80] 王晓翠,王晓利.快硬水泥锚固剂的试验研究[J].混凝土,2010(9):62-64.

[81] 李先才,赵桂林.特种锚固水泥的开发与应用[J].东北煤炭技术,1996(6):19-22.

[82] 贾继田.深部岩巷掘进水泥锚固剂全长锚固网喷支护技术应用[J].能源技术与管理, 2017,42(1):67-68.

[83] LI X J, HAO J Y. Orthogonal test design for optimization of synthesis of super early strength anchoring material[J]. Construction and building materials, 2018, 181(30):42-48.

[84] ŽLEBEK T, HODUL J, DROCHYTKA R. Experimental testing suitability of the waste glass into the polymer anchor materials based on epoxy resin[J]. Procedia engineering,2017,195:220-227.

[85] 张辉,康红普,徐佑林.深井巷道底板预应力锚索快速加固技术研究[J].煤炭科学技术,2013,41(4):16-19.

[86] 康红普.高强度锚杆支护技术的发展与应用[J].煤炭科学技术,2000,28(2):1-4.

[87] 康红普,林健,吴拥政.全断面高预应力强力锚索支护技术及其在动压巷道中的应用[J].煤炭学报,2009,34(9):1153-1159.

[88] 姚强岭.富水巷道顶板强度弱化机理及其控制研究[D].徐州:中国矿业大学,2011.

[89] 康红普.水对岩石的损伤[J].水文地质工程地质,1994(3):39-41.

[90] 刘少伟,马念杰,武建栋,等.锚杆支护煤巷冒顶危险区预测及工程应用[M].北京:煤炭工业出版社,2008.

[91] 李海龙,徐颖,汪海波,等.硅灰对橡胶混凝土抗压强度与吸能性能影响试验研究[J].硅酸盐通报,2019,38(7):2222-2227.

[92] 陈超,孙振平.硅灰对掺有无碱速凝剂水泥浆体性能的影响[J].材料导报,2019, 33(7):2348-2353.

[93] 高明,刘宁,陈兵.微硅粉改性磷酸镁水泥砂浆试验研究[J].建筑材料学报,2020, 23(1):29-34.

[94] 陈益民,贺行洋,李永鑫,等.矿物掺合料研究进展及存在的问题[J].材料导报,2006,20(8):28-31.

[95] 肖万,马鸿文.矿渣微细粉掺量对水泥水化产物的影响[J].岩石矿物学杂志,2013,32(6):882-888.

[96] TAVASOLI S,NILI M,SERPOUSH B.Effect of GGBS on the frost resistance of self-consolidating concrete[J].Construction and building materials,2018,165:717-722.

[97] 孙松,王海龙,王红珊,等.矿粉掺量对胶粉轻骨料混凝土力学性能的影响[J].硅酸盐通报,2019,38(7):2202-2207.

[98] 张忠占,徐兴忠.应用数理统计[M].北京:机械工业出版社,2008.

[99] GRANGER S,LOUKILI A,PIJAUDIER-CABOT G,et al.Experimental characterization of the self-healing of cracks in an ultra high performance cementitious material:mechanical tests and acoustic emission analysis[J].Cement and concrete research,2007,37(4):519-527.

[100] EDVARDSEN C.Water permeability and autogenous healing of cracks in concrete [J].ACI materials journal,1999,96(4):448-454.

[101] JACOBSEN S,SELLEVOLD E J.Self healing of high strength concrete after deterioration by freeze/thaw[J].Cement and concrete research,1996,26(1):55-62.

[102] ALDEA C M,SONG W J,POPOVICS J S,et al.Extent of healing of cracked normal strength concrete[J].Journal of materials in civil engineering,2000,12(1):92-96.

[103] GIUKHOVSKY V D.Slag-alkali concretes produced from fine-grained aggregate [M].Kiev:Vishcha Shkolay,1981.

[104] RAVIKUMAR D,PEETHAMPARAN S,NEITHALATH N.Structure and strength of NaOH activated concretes containing fly ash or GGBFS as the sole binder[J].Cement and concrete composites,2010,32(6):399-410.

[105] ROY D M.Alkali-activated cements opportunities and challenges[J].Cement and concrete research,1999,29(2):249-254.

[106] PALOMO A,GRUTZECK M W,BLANCO M T.Alkali-activated fly ashes:a cement for the future[J].Cement and concrete research,1999,29(8):1323-1329.

[107] SAKULICH A R,ANDERSON E,SCHAUER C,et al.Mechanical and microstructural characterization of an alkali-activated slag/limestone fine aggregate concrete [J].Construction and building materials,2009,23(8):2951-2957.

[108] 王斌,王卫军,赵伏军,等.基于巷道围岩自承特性的锚杆锚固效果研究[J].岩土力学,2014,35(7):1965-1972.

[109] 薛亚东,黄宏伟.锚索锚固力影响因素的试验分析研究[J].岩土力学,2006,27(9):1523-1526.